为更好的生活而思考

# 走出心理陷阱

## 告别消极思维的图式疗法自助书

[德] 吉塔·雅各布（Gitta Jacob）
[德] 海妮·范真德瑞（Hannie van Genderen） ◎著
[德] 劳拉·西伯尔（Laura Seebauer）
顾煜斐 ◎译
李凌 ◎作序

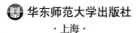
华东师范大学出版社
·上海·

## 图书在版编目(CIP)数据

走出心理陷阱:告别消极思维的图式疗法自助书/(德)吉塔·雅各布,(德)海妮·范真德瑞,(德)劳拉·西伯尔著;顾煜斐 译.—上海:华东师范大学出版社,2023
ISBN 978-7-5760-4041-8

Ⅰ.①走… Ⅱ.①吉… ②海… ③劳… ④顾… Ⅲ.①心理学—通俗读物 Ⅳ.①B84-49

中国国家版本馆 CIP 数据核字(2023)第 153496 号

Andere Wege gehen (2. Auflage): Lebensmuster verstehen und verändern – ein schema-therapeutisches Selbsthilfebuch
by Gitta Jacob, Hannie van Genderen, Laura Seebauer
illustrated by Claudia Styrsky
© 2011, 2017 Programm PVU Psychologie Verlags Union in the publishing group Beltz · Weinheim Basel
Chinese Simplified translation copyright © 2024 by East China Normal University Press Ltd.
ALL RIGHTS RESERVED

上海市版权局著作权合同登记 图字:09-2021-1060 号

# 走出心理陷阱
### 告别消极思维的图式疗法自助书

著　者　[德]吉塔·雅各布　海妮·范真德瑞　劳拉·西伯尔
译　者　顾煜斐
责任编辑　张艺捷
责任校对　姜　峰　时东明
装帧设计　刘怡霖

出版发行　华东师范大学出版社
社　　址　上海市中山北路 3663 号　邮编 200062
网　　址　www.ecnupress.com.cn
电　　话　021-60821666　行政传真 021-62572105
客服电话　021-62865537　门市(邮购)电话 021-62869887
地　　址　上海市中山北路 3663 号华东师范大学校内先锋路口
网　　店　http://hdsdcbs.tmall.com

印 刷 者　昆山市亭林印刷有限责任公司
开　　本　787 毫米×1092 毫米　1/16
印　　张　12
字　　数　130 千字
版　　次　2024 年 3 月第 1 版
印　　次　2024 年 3 月第 1 次
书　　号　ISBN 978-7-5760-4041-8
定　　价　48.00 元

出版人　王　焰

(如发现本版图书有印订质量问题,请寄回本社客服中心调换或电话 021-62865537 联系)

# 推荐序——诚实地面对自己

李　凌　华东师范大学心理与认知科学学院　副教授

拿到这本书稿,我几乎是一口气读完,足见其简明扼要又引人入胜。无论是作者的阐释还是译者的表达,都在降低读者认知负荷的同时又触发情绪体验。三言两语间,你会感觉被深深地看见、理解并共情到,而且,还有出路的指点。

本书应用图式疗法的最新发展"图式—模式疗法",类化出四种我们内心的典型模式,并条分缕析地描绘了各个模式的概貌图谱和来龙去脉,基本能涵盖我们日常关系中的大部分心理体验和行为模式,相信读来会时不时心有戚戚,套用现在的流行语就是说:"你在我家装了摄像头吗?!"而且,想到如是感受和境遇,并非独我一人,是不是也会得到些许安慰呢? 当然,也可能更绝望——人/人生怎么会这样!好在作者告诉我们,一切皆有出路:我们可以觉察、了解、理解、重新选择……

说来有趣,就在这篇序言诞生的过程中,我自己内心就发生了一系列同频反应,我实实在在地感受了一把从模式觉察,到模式分析,再到模式调整这一图式—模式疗法的心路历程和神奇效用,分享给大家,算是现身说法。

收到艺捷编辑的邀约,我第一反应是有点受宠若惊。感谢信任的同时,我对她说:一篇好的序言,需要吃透书的内容,还需要去了解书和作者的相关背景,才不会成为想当然的妄言,也不会误导读者。显然这也是我对自己的要求。但如此想来,它就变成一个庞大而沉重的工程,足以让人退缩、拖延甚至想放弃——可不就是下意识地想婉拒——我惯用的"回避"的应对模式!这时候就启动了一个"苛求型的家长模式";希望尽善尽美,而且把书对读者的可能影响都揽责到自己身上。这的确是严谨和负责的体现,应该也算美德,是赢得别人尊重和信任的保障(不简单地以一种否定替代另一种否定,要一分为二地看问题,要真诚地欣赏,这也是真正理解的开始)。但,过度了就可能变成限制甚至压迫,让人束手束脚。认真的同时还可以更轻松些啊,就像这本书,它再好,也只是一家之言,我的推荐序同样也只是一家之言,读者自然是带着自己的头脑、身体、感受和经验来的,自然会有自己的判断和选择,当然可能有曲解可能会偏差,但这不是必然的吗?犯错是人类的天性,试错是成功之道。我们首先要做的是承认和包容可能的不足,然后再慢慢在实践中去纠偏、完善。所以,此刻,我只是也只能分享我初读下来的体会(事物是发展变化的,我的体悟也会常读常新呢),也许和有些读者有共鸣,那就是它的价值;也许另外一些读者会读出很不一样的感触,那不更加多元丰富了吗?如此想来,我就可以更愉快地迎接这个挑战、享受这个过程,而不是战战兢兢如履薄冰。当然,让我完全举重若轻也绝非易事,毕竟冰冻三尺非一日之寒,让冰融化岂能指望一蹴而就(小步渐进地改变也是作者的提示)。但当我带入觉察,我的既有模式就可能会松动一点,我习惯性的反应就可能暂停一下,我就可以腾出点心力稍微回望一下自己,安抚一下因不确定而生出的忐忑;我就可以往外多看一点,就会升腾起更多对未知的好奇和探索的勇气;我的感受就会开阔和平和一点,我也可以更加笃定和相信我可以有不同的选择、我可以有自己的贡献——我就往"健康成人模式"迈进了一步!而且,我也相信,当我放松了,我也可以把这份轻松传递出去,"幸福型儿童"的模式就活跃起来,那是比较吸引人也更易打动人的状态。当然也要谢谢艺捷对我的信任并给了我犹豫和盘整的时间与空间,她说不急让我先看看,这是一种抱持和支持的力量,这种力量对于我们走出消极模式至关重要!此外,我想,除了对我,艺捷的坚定,大概也源自于她对这本精心挑选的小书的信心,也是她喜欢这本小书的原因。谢谢她推荐给我,我也真诚地想推荐给你。

这本书你也可以倒着读,先挑故事看,去翻一下书中最后一个莫娜的案例,那般有序且从容,是不是真的是一种美好的感觉呢?现在看来,她、你、我,都可以有。而往前翻,我们会知道莫娜曾经的不易与混乱,一如我曾体验到的慌张可谁又能一直做顺风顺水的幸运儿呢?更重要的是,书中具体呈现了理解和安顿的过程,我也身体力行,果然,莫娜可以,我们也可以。

来,开始你的实验,我也继续!

# 简明目录

再版前言

**第一章** 导论 / 001

## 第一部分　认识自己的内心世界 / 007

**第二章**　儿童模式 / 009
**第三章**　机能不全家长模式 / 034
**第四章**　应激模式 / 056
**第五章**　健康成人模式 / 082

## 第二部分　改变自我,从"心"出发 / 089

**第六章**　脆弱型儿童模式的自我治愈 / 091
**第七章**　愤怒型/冲动型儿童模式的自我控制 / 103
**第八章**　幸福型儿童模式的自我强化 / 117

第九章　机能不全家长模式的自我约束 / 124

第十章　弱化消极的应激模式 / 136

第十一章　健康成人模式的自我强化 / 151

<br>

## 第三部分　附录 / 161

附录1　模式一览表 / 163

附录2　术语表 / 168

参考文献 / 173

# 目　录

**再版前言**

**第一章　导论 / 001**

### 第一部分　认识自己的内心世界 / 007

**第二章　儿童模式 / 009**
　　第一节　脆弱型儿童模式 / 012
　　第二节　愤怒型/冲动型儿童模式 / 018
　　第三节　幸福型儿童模式 / 029

**第三章　机能不全家长模式 / 034**
　　第一节　苛求型家长模式 / 041
　　第二节　情感索求型家长模式 / 046
　　第三节　惩罚型家长模式 / 050

## 第四章　应激模式 / 056

　　第一节　屈从 / 063

　　第二节　回避 / 070

　　第三节　过度补偿 / 075

## 第五章　健康成人模式 / 082

### 第二部分　改变自我，从"心"出发 / 089

## 第六章　脆弱型儿童模式的自我治愈 / 091

　　第一节　与脆弱的自己对话 / 091

　　第二节　多加关心脆弱的自己 / 096

## 第七章　愤怒型/冲动型儿童模式的自我控制 / 103

　　第一节　深入了解愤怒型/冲动型儿童模式 / 105

　　第二节　约束及控制自己的恼怒和冲动 / 108

## 第八章　幸福型儿童模式的自我强化 / 117

　　第一节　与幸福型儿童模式建立联系 / 117

　　第二节　强化幸福型儿童模式的练习方法 / 120

## 第九章　机能不全家长模式的自我约束 / 124

　　第一节　与机能不全家长模式建立联系 / 125

第二节 少当自己的"教育家" / 130

**第十章 弱化消极的应激模式 / 136**
    第一节 正确认识应激模式 / 137
    第二节 要如何弱化应激模式呢？/ 140

**第十一章 健康成人模式的自我强化 / 151**

**第三部分 附录 / 161**

附录1 模式一览表 / 163

附录2 术语表 / 168

参考文献 / 173

# 再版前言

希望本书能帮助你更好地了解自己和自身的情绪和感受,尤其认清那些通往你内心真正向往之路上的心理陷阱——固有情绪模式。为了"另辟蹊径",不再陷入这些陷阱中,首先我们要了解的就是之前惯常走过的"老路":它们的起源,这一路走来的心理过程以及它们是如何在我们脑中逐渐根深蒂固的。本书的第一部分就是对于这些模式的分析介绍,便于你更好地认清和区分它们。而在第二部分,我们将详细阐述通过哪些手段,在哪些必要或有用的步骤中改变这些固有情绪模式。

本书所应用的图式—模式疗法是图式疗法的最新发展。图式疗法最早见于美国纽约的心理学家杰弗里·杨(Jeffrey Young)及其同事于2006年和2008年发表的著作中,一经提出便迅速在德语区得到广泛借鉴和应用。由于图式—模式疗法清晰明了地概括了来自各种治疗方向的重要发现和手段,因而受到了许多治疗师的推崇。这种疗法兼顾患者的所思所想以及患者自身的情绪感受,不仅关注患者当下所面临的心理问题,也专注于探究其童年经历中的成因。通常患者都很喜欢这种治疗方式,这让他们感觉正在与触及自身"核心"问题的根源作战,而且这种形式和方法极易被理解,也容易实现。在进行图式—模式治疗的过程中，患者和治疗师站在同一高度，共同寻找那些更利于体会患者的感受、改变其固有的应对方式的办法，即那些更能顾及患者自身需求的"出路"。

希望我们已通过一种便于理解的方式将图式—模式的概念传达给了那些感兴趣的读者朋友。我们也希望本书能激励你探索自身，激发你改变自我，弱化自身的负面情绪，为生活积攒更多"正能量"，并减少在复杂情绪下做出于社交不利的行为。本书既可单纯地作为你的心理自助书，也可作为辅助读物用于（图式）治疗过程。在书末随附的词汇表中有对于那些不太常见的心理学专业术语的阐述，在文中则以"→"表示。

本书第一版发行后，读者朋友们的反馈和共鸣让我们深受鼓舞。我们非常高兴通过本书收获了那么多的读者，并得到他们的喜爱。因此，在第二版中，我们对所有内容再次进行了全面彻底的审阅，借此修补了一版中的不足，也尝试在此版中就第一版问世后对我们提出的问题作出更好的回答。感谢贝尔茨出版社的卡林·奥姆（Karin Ohms）、斯文尼亚·瓦尔（Svenja Wahl）和克劳迪娅·施蒂尔斯基（Claudia Styrsky）制作的精美插画。[1]

汉堡、弗莱堡、马斯特利特，2016 年秋
吉塔·雅各布（Gitta Jacob）
海妮·范真德瑞（Hannie van Genderen）
劳拉·西伯尔（Laura Seebauer）

---

[1] 中文版未引进原版插画。——编辑注

# 第一章
# 导　论

**案例**

克斯廷(Kerstin B.)，34岁，拥有一段稳定的关系和一个4岁的儿子，兼职做咨询助理。如果不是人际关系方面的一些小事一再严重影响她的情绪的话，例如没有听懂全职同事们分享的一个"圈内八卦"，她原本可以生活得非常好。这些事情会让她感到自己被全盘否定、被排斥，仿佛自己从来就不属于任何地方。她会因此在工作中将自己边缘化；如果谁出其不意地出现在她面前，她可能会表现得粗鲁、蛮横，随之又对他人和自己感到恼怒。

长久以来，她都意识到自身的这个问题……可能和她小时候经常搬家、反复经历新班级中的同学们一开始对她的排斥有关。12岁时，她所在的是一个差班，这种排斥正式发展成了一场长达两年多的校园霸凌。

这个案例是不是听着有些耳熟？你的生活是不是也正被某些特定

的情绪和感受一再干扰着,而你却对如何摆脱它感到束手无策?在本书中,你将了解当代心理治疗中正在发展的一种疗法,即图式疗法。该疗法旨在了解类似案例的成因,探究它们对个体在日常生活中的影响,以及如何改变这种模式,从而使人感到更舒服,在更好地顾及自己和自我需求的同时不会孤立于他人。

图式疗法是行为疗法的一种延展,它结合了很多心理疗法的理念。下面总结了各种治疗方法对图式疗法的影响:

> **被引入图式疗法的各类治疗方法:**
>
> **认知行为疗法:** 着重于改变,并聚焦于一些非常具体的问题。
>
> **深度心理学:** 注重理解力,绝大多数情况下的心理问题都与童年或青少年时期的条件和状况有关。
>
> **心理剧和完型治疗(又称格式塔疗法):** 注重改变感受的技巧。
>
> **人本主义疗法及对话心理疗法:** 专注于人性的需求,只有当个体需求达到充分满足的时候,才有可能实现心理健康。

在图式疗法中,"感受"占据了核心地位。我们在孩童时和别人相处的经历会对成年生活中的情绪和感受产生很大影响。如果你在孩童时有诸如被排斥或被羞辱的经历——你可能会因为有个大鼻子而在学校遭到欺凌,或者父亲总是在你哭泣时嘲笑你——那么成人以后,即使别人完全没有这样的想法,你也极有可能比别人更易感到被排斥或被羞辱。这些感受最终会进一步引发一系列的问题——也许你会把自己极度边缘化,几乎无法好好维护一段人际关系;或者与之相反,你总是对事物有着不恰当的过激反应。

因此,在图式疗法中,我们首先要去了解是哪些负面感受造成了这些问题,以及这些感受的源头在何处。除此之外,了解这些感受对当前生活所造成的后续问题也很重要。最后,图式疗法还涉及如何改变这些内心感受和它的应对方式,使你对自己更满意,同时也更好地满足自己的心理需求。

**认知和了解:**

如果设想一个人的内心世界由不同部分组成,那你就能很好地理解个体身上会具有一些存在问题的感受以及与之相关联的情绪和状况。这些存在于内心世界的部分在本书中被称为模式。在图式疗法中,我们将其分为以下几个部分。

**儿童模式:** 大多数人在感觉弱小、自卑、悲伤,或是气急、逆反和暴怒时,都认为自己并没有真正长大。这一部分在图式疗法中被称为"儿童模式"。因为某些童年时期的需求没有得到充分满足,因而在人的内心世界中这些孩子气的部分无法良好地发育成长。

**家长模式:** 很多内心具有强烈儿童模式的人也时常自我贬低或给自己施加重压。这通常与他们人际交往中的经历有关,而那些人不乏以"榜样"的形象出现(比如冷漠的父母、霸凌他的班级同学、兄弟姐妹等)。这些自贬和自我施压的部分在图式疗法中被归为"家长模式"。这里的"家长"指代的不仅是爸爸或者妈妈,其范围涵盖了所有可能在当事人童年或青少年时期扮演重要角色的相关人员。

**应激模式:** 事实一再表明,在人们与令人烦恼的感受建立情感联结之后,会暴露出各种不同的行为模式以削弱这些感受的激烈程度,或在他人面前将它们隐藏起来。这些行为模式包括社交孤立或是滥用成瘾性物品，比如酒精和大麻。另外，人在感到自己弱小却大肆"炫耀"自己强大时的行为也属于此类模式的一种。所有这些用来应对自身消极情绪的心理活动都被称为"应激模式"。

**健康成人模式**：一个人的内心除了不成熟或不合时宜的那一面，当然也有健康的、功能健全的部分。这个部分帮助人们合理安排自己的生活、解决困难和问题、维护社交关系，在本书中被称为"健康成人模式"。

**幸福型儿童模式**：每个人都需要乐趣、愉悦和自由自在的轻松感。这些积极愉快的感受在图式疗法中被称为"幸福型儿童模式"。

本书的第一部分将逐一介绍这些存在于人们内心世界里的各个模式。其重点在于了解：它们是如何产生的以及为什么会产生？它们给你带来了什么样的感受？它们在何时出现，又与哪些行为有关？你可以对照每个章节中提出的问题来检验各个模式在你身上的严重程度。在每个模式中，我们还附有多个案例，帮助你学会在自身及他人身上识别它们。

**改变**：

本书第二部分介绍了各种帮助你改变以上这些固有模式的策略和练习方法。它们的共同目标是让你在艰难的情况下能顺"心"而为，学会更好地感知自己内心的需求并满足它们。为此，我们建议将这些练习方法和改变策略分成以下几个层面：

**认知思想/层面上的**：在认知层面（也可称为思想层面）上首要做到的是，尽可能多地挖掘自己内心世界潜在的各种心理活动，并制定切实可行的方案来调节它们。

**体验情绪/层面上的**：人们就如何直面并改变那些令人烦恼的感受和情绪提出了一系列的建设性方案，其中想象练习经常被建议使用。在想象练习中，人们需要在心中设定自己要以某些特定的方式来处理某类特定的状况。与只是简单地反思相同情况相比，这会触发更加强烈的感受和情绪。

**行为/处理方式层面上的**：行为模式的改变往往排在认知改变和情绪改变之后。通过相应章节中的案例与建议，你总能找到如何改变既定行为模式的方法。

当然，每个人都是独立的个体，其内心世界也各不相同。因此，这本书对于不同的读者来说会有不同的作用。也许你只是想粗略地了解一些关于这种新型疗法的资讯；也许你想尝试从本书提供的角度来审视自己或他人；也或许你正深受情绪问题的困扰；或者，你早就想借鉴本书来改变某些让你心烦已久的行为方式。不过，对有严重精神障碍的患者来说，本书不能替代任何一种专业治疗。

我们衷心希望本书能激励你直面自我，探索自己真正的内心世界。祝你在"通往心灵"的路上旅途愉快！

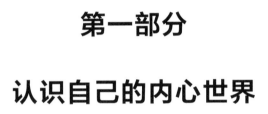

# 第一部分

## 认识自己的内心世界

第一部分

人类自由的内在世界

## 第二章
## 儿童模式

每个人的内心都住着一个小孩,有时也会有孩子般的举动,但在不恰当的场合中,我们大都能控制住自己,不做出孩子气的行为。而当我们对周遭的环境与人产生了同孩子感知环境的方式方法相近的时候,我们将其称为儿童模式。比如,儿童在情绪激烈时通常难以设身处地地为他人着想;而一个处于"儿童模式"的成年人在同样的状况下也会如此。另外,在儿童模式下,成年人对身处的环境及环境中的其他人做出的应对,也会和儿童相似。这通常表现为头脑失去了对行为的控制(失控行为)。举例来说,在儿童模式下,有的人会在与领导的谈话中因为压力过大而失声痛哭,有的人会在与伴侣的争吵中产生无力感,随之夺门而出。

> 当我们正在感受某些无法仅用目前所处的情况来解释的强烈又紧张的情绪时,儿童模式就会变得活跃起来。而实际上,人们往往会有这样的印象,这些悲伤、愤怒、羞愧和孤独感其实都是被夸大了的。尽管如此,身处儿童模式的人却无法从这种情绪中走出来。

我们会在被拒绝、被孤立或承受压力时激发儿童模式。处于这些情况下，人性主观的基本需求（参阅下文对"基本情感需求"的释义），如亲密感、安全感或自主性会感受到威胁。比如，当朋友拒绝与你共赴一场你期待已久的电影之约时，你可能会感到失望、不被爱、被抛弃，或许还带着些许恼怒。这些不好的情绪甚至会强烈到让你忍不住躲进被窝里痛哭，即使朋友给出的拒绝理由很合理，客观上看也没有什么抛弃或想要背弃你的倾向。如果你确实有这类反应，那就说明朋友的拒绝行为已经伤害了你在社交中对他人有安全依恋这一基本需求。

**基本情感需求：**

虽然呈现出来的方式大相径庭，但每个人都有自己的基本情感需求。在图式疗法中，基本需求共分五个领域（杨，2008）：

1. 对他人的安全依恋：包括与他人之间关系的安全性、稳定性，是否得到他人的关心和爱，以及是否被他人所接纳。

2. 自主性、判断力和身份认同感：这里指代的是了解是什么使你成为现在这样的一个人，以及你擅长的是什么。

3. 表达正当需求和情感的自由。

4. 自发性、娱乐和玩耍。

5. 现实边界。对孩子来说尤为重要的是，让他们认知到他们的边界和极限，而这通常由他人设定。

心理健康的人会发现，通过"大体上"满足这些情感需求来构建自己的生活更为容易。

一个人的心理问题越严重,就越易频繁陷入儿童模式。那些客观而言的日常琐事常常会让他们倍感压力——比如上班时穿了一件新衣服却没有得到同事的赞美。这极有可能是同事正忙于其他事情,压根没注意到这个细节。但对当事人来说,这触发了他强烈的孤独感和不被爱的感觉。在本章的课程中,你将了解为什么对某些人来说,儿童模式能被迅速"启动"。

**儿童模式的三种类型:**

儿童模式有三种类型。第一种类型与沮丧和悲伤的情感相关,如羞耻、孤独、恐惧、悲伤或者被威胁。我们称这种模式为脆弱型儿童模式。

第二种类型的情绪特征是愤怒、生气、冲动和逆反等,因而被称为愤怒型或冲动型儿童模式。这里的冲动指代的是一个人对所产生的情绪即刻采取行动而不去考虑其行为造成的后果。例如,一个人可能因为上司的批评言论而生气,感到受伤,以至在回家的路上危险驾驶。

第三种类型是儿童模式的健康部分,这类人也被称为"幸福儿童"。在幸福型儿童模式下,人可以无忧无虑地享受玩乐,获得各种新奇的体验。

如果你现在感到自己时而处于其中某个模式,那为这个模式取个自己独有的名字是颇有帮助的。比如,脆弱型儿童模式可以被称为"弱小的丽萨",愤怒型儿童模式可被称为"固执的叛逆小子"。这种方法有助于你更容易将自己和这些模式联系起来,并在它们出现的场合中更好地识别它们。

| 脆弱型儿童模式 | 愤怒型/冲动型儿童模式 | 幸福型儿童模式 |
|---|---|---|
| 名字： | 名字： | 名字： |
| 悲伤<br>孤独<br>绝望<br>无助<br>羞耻心<br>被遗弃 | 愤怒、生气、暴怒<br>冲动<br>逆反、抵触、执拗<br>没有规矩 | 轻松、愉悦<br>好奇<br>快乐、无忧无虑<br>安全感 |

> 注意！每个人都会悲伤和愤怒。如何来判断一个人是处于对应的儿童模式，而并非单纯处于"相对正常"的情绪中呢？
>
> 事实上，当自身儿童模式被触发的时候，所有人都会意识到。两者之间的关键区别在于，儿童模式的触发原因往往并不显眼，看上去与它引起的情绪程度也不成比例。通常具有某种显著儿童模式的人会深陷于这种激烈的情绪里出不来，并因此难以按照自己想要的方式生活。此外，典型的儿童模式指的是当人难以控制自己的情绪，甚至难以应对周遭环境时的一种状态。

## 第一节 脆弱型儿童模式

脆弱型儿童模式伴有各种不同的感受。许多人能准确地指出哪些感受对他们来说问题严重。当然，各种感受交织的情况也并不少见。以下例子虽然不能包罗万象，但可以让你大致了解到如何从自身寻找问题的症结所在。书中所举的案例分析应该也能帮助你发现脆弱型儿童模式会在哪些情况下出现。

**孤独感：**感到被他人遗弃，或者害怕很快被人抛弃。这类人在与他人社交过程中，甚至在与亲近的人在一起的当下，也会感到孤独或者被遗弃。我们经常发现，以孤独感和被抛弃情绪为主的脆弱型儿童模式的人群，通常在幼年或青少年时期就有被重要的亲人遗弃的经历：可能是父亲弃家不顾，重要亲人离世，或者当事人辗转于各种寄养家庭，被人送来送去。

### 案例分析

凯瑟琳（Katrin M.）是一名34岁的中学教师，患有急性焦虑症，内心深处对外界有极强的陌生感。尽管在如今居住的城市不缺朋友，可每当她回父母家中长住一段时间又再次离乡的时候，这种感觉尤其明显。在治疗过程中，她说她几乎无法与别人亲近，她的所有社交关系都是松散而疏离的。然而同时，她又会在某个时刻突然感到非常伤心，觉得没有人能真正陪在她的身边。治疗师认为，这些感受与她曾两次失去母亲的经历有关。凯瑟琳的生母在她2岁时去世。而与她关系很好的继母也在她16岁的时候突发脑溢血，离开了人世。

**被排斥（社交孤立或疏离）：**有些人会特别缺乏归属感，总觉得被他人排斥，好像被隔绝在了世界的另一端。这些感受的根源通常与他们曾有过的"无法找到归属地"的相似经历有关。比如频繁地搬家、无法融入某个异教团体，甚至早年的家庭关系或者兄弟姊妹关系不洽，都可能造成糟糕的甚至创伤性的心理阴影。一些对他人来说微不足道的细节，比如聚会上某个座次的安排,都会在这类人成年以后激活他们身上的排斥型儿童模式。

**案例分析**

朱迪斯(Judith P.)童年时经常随家人四处搬家。无论到哪里她都是那个"新来的""哪儿都没她份儿"。这总是让她感到四处受冷落。大学期间,她也交到了朋友——但当同学们约着见面而没有明确地说要带上她时,她仍然很容易地就觉得自己遭到了排斥、受到了冷落,尽管客观事实并非如此。

**不信任**:缺乏信任或是长期感到受威胁指的是某类人对暗含威胁的迹象反应很敏感,或是从根本上就对他人持怀疑态度。这类人总有种为了自己不至于受伤而必须时刻保持戒备的心态。

如前面所述的两种感觉一样,害怕受到威胁的原因通常也源于童年和青春期的重要经历。例如,一个人如果在童年时遭受过性虐待,那么仅仅是听到钥匙在门上发出的声音就能引起她全身警觉。再举个例子,当一个人曾在上学路上被同学欺凌和取笑过,那么成年后,他可能就无法接受别人紧跟在他后面走路。

**案例分析**

埃米莉(Emilie F.)很怕黑,通常都开着灯睡觉。遇上丈夫不在家的日子,她一般去朋友家过夜。一旦听到外面陌生的声响,她就会在一瞬间变得浑身僵硬,内心充满恐惧。街上的每一个影子,都能让她感到害怕和无助。脾气暴躁的父亲曾给埃米莉的童年带来极大的痛苦。一旦有什么事让他情绪低落,他就会不分青红皂白地殴打埃米莉和她的兄弟姐妹,而他们的母亲根本无法在那时保护他们,因为她自己也是家暴受害者之一。

**羞耻/自卑**:羞耻感包括感觉自己有缺陷、差劲、没有价值或不受欢迎,好像自己不配获得别人的爱、关注和尊重。这类感觉往往伴随着对自己这整个人的存在而深深地感到羞愧。有这种感觉的人是典型的幼年时期遭受语言侮辱和欺凌行为的受害者。

### 案例分析

塞巴斯蒂安(Sebastian E.)在念综合中学时是他们班德语老师不怎么喜欢的学生之一。老师总能精准"狙击"塞巴斯蒂安在青春期成长过程中那些不自信和笨拙的行为,并将这些行为在聚集的同学们面前反复曝光。同学们随之而来的哄笑声常让他感到极度羞愧。二十年后,塞巴斯蒂安成了一名成功的信息技术顾问。一次团队会议中,他被一幅挂图绊倒了,引起了同事们的哄堂大笑。他心里立刻涌现了强烈的羞耻感和任人摆布的无力感。他慌忙逃进厕所,过了好几分钟都无法让情绪平复下来。

**情感剥夺**:遭受情感剥夺的人大多自幼年时期就被告知"迄今为止,

一切都挺好的,没什么问题"。但从某种程度上来说,他们并没有感觉到自己被很好地、充满爱意地照顾着。他们缺乏被关心、被保护乃至被爱的感觉。作为成年人,他们也许根本没觉得自己遭受了什么特别的痛苦,因为基本上他们也不知道自己可能错过了什么。这类人并不会认为自己受到了什么不好的对待。反之,他们也从来没觉得自己对别人来说很重要,值得被爱。

### 案例分析

米歇尔(Michael K.),38岁的银行职员,一个普通的"正常人"。他能处理完所有的工作,让领导满意,也拥有一段不错的婚姻,交到了一些朋友。但是,他却没有在其中任何一段关系中感到真正与人亲近,或者被谁喜爱。他相信,通过工作中的出色表现和对朋友以及家庭的专注投入是可以得到大家的喜爱的。事实上,他也确实得到了。他只是常常无法感受到这些喜爱。米歇尔的童年"一直都挺好的"。然而,事实是,他的父母都忙于工作,常常无暇顾及他。这让他一度感到,照顾孩子对他父母来说是要求太高了。

**如何识别自身的脆弱型儿童模式?**

以上的描述与案例分析可以让你大致明白脆弱型儿童模式是什么样的。你也可以根据以下几点自查,看自己是否可能出现了脆弱型儿童模式。如果这些描述常常与你的情况相符,那么这就提示你,某种儿童模式出现了。如果它们不太符合你的情况,那你就属于虽然已经基本了解这些感受,但并未让它们给你带来特别严重的问题的那类人。

- 在这世上我常常感到孤独。
- 我觉得自己弱小又无助。
- 我觉得没有人会爱我。

你是否同意这些陈述中的一项或者几项？如果你时常毫无缘由地感到悲伤、被抛弃或者恐惧,那么这可能就是脆弱型儿童模式。通常这与当事人的生活经历有关。

想要对自己的脆弱型儿童模式更了解的话,请解答以下这些问题。这些是很有帮助的。

- 脆弱型儿童模式的典型触发因素是什么？它们经常出现在哪些情况下？
- 处于这种模式下,你通常会有哪些最具代表性的感受？
- 处于这种模式下,你通常在想些什么？
- 当你思考它们的时候,内心会浮现哪些画面,它们会勾起哪些回忆？
- 处于这种模式下,你的身体有什么感觉？
- 你通常怎么处理这类状态,如何对别人做出反应？

稍加关注这些,你将更好地识别并了解这个模式以及它再次出现的原因。

**如何识别他人的脆弱型儿童模式？**

察觉他人处于脆弱型儿童模式的迹象可能使你发现,他们会因为微小的事情激动,情绪不稳定,容易哭。另一种迹象是,他可能会反复地和你确认你们的从属关系,比如:"你是否真的愿意今天和朋友见面的时候也带上我?"还有一种极易辨认脆弱型儿童模式的典型思想误区就是"非黑即白",即世界上只有好人和坏人之分。例如,你的朋友会因为你在她与伴侣的纠纷中对她的行为提出轻微的责备,就认为你站在了她的对立面。

那么,你是否记得你的朋友、熟人或者亲戚曾出现脆弱型儿童模式的状况?你是否能领会是什么触发了他们的儿童模式?在这个模式下,他们有过哪些行为?而面对这种情况,你当时是什么感受,做了些什么?

也许当时你有过共情,并明确向他表达了。也许你感到不知所措、无助和焦虑,因为这类人当时也听不进理性的劝说和安慰。两种情况或许都有发生。如果你清晰地记得你当时的反应,也许就能更好地理解当你处于儿童模式时别人的感受是怎样的了。

## 第二节 愤怒型/冲动型儿童模式

此类模式下的人常有不成熟的表现。这类模式经常出现在当人感到自己的需求没有被充分顾及的时候。其中比较外露的情绪就是我们所谓的"热感"情绪,比如生气和恼火。当事人自身的感受要么伴有明显的怒火,要么伴有气恼,兼有执拗、散漫,乃至任性放肆的行为出现。

你可能已经注意到了,这种模式下包含了好几种感觉和行为方式——愤怒、气恼、逆反和任性放纵。它们各有不同,但也有相似之处。其中最重要的相同之处在于需求的过度表达或不合时宜——要么是情感上过于激烈、怒火冲天、极度烦躁,要么同时或者交替表现得过于放肆、逆反和冲动。这里需要注意的是，当事人的原始需求是正常的，需求得不到满足从而导致生气的后果也是可以理解的。不太恰当的只是生气之后在这个模式下表现出的行为。为了便于阅读，我们先引入"愤怒型儿童模式"的概念来总结以上所有的感受。稍后我们再详细地介绍它们各方面的区别。

愤怒型儿童模式和前文所述的脆弱型儿童模式时常同时或者先后出现。例如，在朋友拒绝和你一起看电影后，你先是会生她的气，接着可能就会伤心，觉得自己被否定，感到孤独。在这个例子中，愤怒型儿童模式首先被激活，接着就是受伤和排斥型儿童模式。当然模式的前后顺序也可能正相反——你首先因为被拒绝、被"抛弃"而感到伤心，然后变得气急败坏。许多人在与他人交往时，非常明显地体会到这两种模式交织在一起的感觉。当你下次有机会想和朋友倾诉你的这些情绪时，这些复杂的情绪可能会再次涌上心头。而在提及你当时的恼怒心情时，你反而会先开始哭泣……就在这个当下，愤怒型儿童模式和脆弱型儿童模式再次在你身上同时出现。

愤怒型儿童模式涵盖了好几种不同的情绪。这里非常重要的是，要准确地去了解愤怒型/冲动型儿童模式哪个表现得更明显。只是纯粹感到愤怒，还是更偏向逆反和"固执"？是因为遭到不公平的对待而感到愤怒，还是因为本身被太过溺爱，而无法接受那些对所有人都该有的社交边界？以下几种可能出现的情绪和感受旨在让你了解这个模式是如何表现出来的。同脆弱型儿童模式一样，这些不同的感受也会同时交织出现。

**生气**：因为情感需求没有得到满足（比如不被理解或不被关注），有些人会恼羞成怒或产生强烈的挫败感。在这种情况下,生气是最显著的感受。当事人也许会通过使别人感到被冒犯的激烈方式将情绪表达出来,比如要求或责备他人;或许他会先"咽下这口气",但这种感觉始终都在,只是它没有外露得那么明显。

### 案例分析

哈拉尔德(Harald P.),41岁的软件工程师,平时非常勤奋,会为圆满完成任务、让所有人满意而努力。但同时,他也很脆弱,容易感到自己被嫌弃,进而觉得自己受到不公平和不公正的对待。因为幼年时期缺乏关心和爱护,时常遭受来自家人的批评和责备,这使得他在这一点上非常敏感。因此成年后,即使别人只是想给他一个善意的建议,他都会气愤不已,撰写无礼的电子邮件讽刺对方。

**愤怒:** 当愤怒主导个人感受的时候,当事人的情绪一般都非常激动,甚至可能是无所顾忌的。在愤怒型儿童模式下,当事人可能会直接把事情搞砸,或攻击和伤害其他人。这就跟处于完全失控状态下的暴怒的孩子一样,会打架、叫嚣,对(假想的)对手猛烈攻击以保护自己。生气和愤怒十分相似,它们最主要的区别是情绪的强烈程度——愤怒比生气更激烈,更难以控制。

## 案例分析

亚历克西娅(Alexia P.)是名护工助理,主值夜班以便于照顾她的三个孩子。高强度的工作和照顾一大家子人的琐事早已压得她喘不过气。

下班回家的时候她常常已经筋疲力尽,心力交瘁。所以当她打开家门,看到满地都是孩子们乱扔的衣服和鞋时,她常会大发雷霆,摔门咒骂。她丈夫经常劝她,让她放松些,不要反应过激。但这没有什么用。每当下一次又有什么小事发生时,她依然会火冒三丈。

幼年时期的亚历克西娅非常孤独。母亲忙于工作,父亲重度酗酒,几乎从不照顾她。尤其父亲喝醉时还常常对她发脾气。聪明伶俐的亚历克西娅很早就学会了独立应对生活——然而,她还是常常会对不公正的事情感到愤怒,因为这对她来说太难了。

**逆反和抵触**:逆反或者执拗都是指人在生气时却并不直接表现出来的情绪,但他们通过"执拗"的退拒行为,让别人被动而明显地感觉到他们在生气。这类气恼的情绪往往与他们感觉到别人并不认可他们的自主性和独立性有关(比如:"没有人会再来问问我……")。处于这类愤怒型儿童模式下的人最明显的感受是自己遭到了极其不公平的对待。

**冲动**:冲动行为指代的是那些只为了满足自己的需求而不顾及他人,也不顾及可能会给自身带来不良后果的行为。例如,在购物时,有些人就是无法控制地去购买那些他们明知并不必要但当下特别想要的东西,哪怕账户上已是入不敷出。另一些冲动行为包括吸毒、无计划或无保护措施的性行为、暴饮暴食等类似的举动。这些行为的共同点是对需求的"无限制"满足。旁观者可能会对这类行为摇头，认为没必要或不合适。也许后来，时过境迁，当事人再回头反思，也会觉得当时的行为太过冲动。冲动型儿童模式最明显的特点就是不顾一切、必须满足自己当下的所有需求。

### 案例分析

莫娜（Mona K.）今年21岁，刚刚开始享受她的大学生活。她特别热衷于频繁参加各种聚会、喝酒，然后和刚认识的人上床。再次清醒的时候，她常常会被自己吓到，因为有时候她没做任何防病避孕措施。然而，当她再出去聚会时，她又是毫无顾忌，一心只想玩得开心。长此以往，这些便都成了问题：她几乎很少去上学，花的钱已远超过她所能承担的。

莫娜成长于一个混乱的家庭。父母很少约束管教孩子的行为，他们觉得小孩和年轻人总要什么都去尝试。除此之外，他们还经常不在家。莫娜是由姐姐抚养长大的，而她姐姐的生活也跟她过得差不多。

**任性、放纵**：任性和冲动在很大程度上互相重合。但与事后反思自己太过冲动的情况相反，具有任性型儿童模式的人会认为，他们与其他人的责任本身就不同。事实上，这类人在小时候就被宠坏了。有时候，任性型儿童模式并不一定伴有强烈的情绪。最有可能出现的情况是当他们感到被冒犯的时候,被约束和限制的时候和要求没有被接纳的时候。

### 案例分析

曼努埃尔(Manuel P.)和女朋友玛丽娜(Marina)的感情原本一直都很好。玛丽娜很善解人意,会为曼努埃尔的快乐和发展自己的兴趣爱好感到高兴。作为回报,她当然也希望他能和她一起分担一部分的家务活。但曼努埃尔总是在逃避责任,例如修理一下早就坏了的洗衣机。每当玛丽娜提醒他修理的时候,他就表现得很抵触,要么玩电脑以回避问题,要么好几小时不跟她说话。这种拒绝沟通的状态,让玛丽娜既无法就他的抵触行为也无法就洗衣机的问题跟他进行正常交流。

直到认识了曼努埃尔的母亲,玛丽娜才更理解了男友的这种状态。曼努埃尔小时候母亲对他太过溺爱。她能从儿子眼里读懂他的愿望并总是给予满足,却从来不要求他的关心,或承担任何责任。反过来说,她也不会未经允许干涉儿子的私事。这就能解释曼努埃尔以上那些抵触情绪和任性的性格特征了。

**散漫、缺乏自律**:这里所定义的是当事人因为事情太过乏味平淡或者烦琐而无法坚持下去的问题。履行日常生活中常规的责任和义务对这类人来说尤为困难。其结果就是,重要的事情可能会被搁置,当事人无法实现其生活中的某些目标。当然,缺乏自律的人也并不都是极端任性地让别人代替他们做事——虽然这完全有可能发生。我们每个人偶尔也会对处理麻烦的琐事感到吃力,但对那些处于严重缺乏自律型儿童模式的人来说,这些都是他们长期存在且无法被忽视的问题。他们从未学会忍受处理乏味事宜所带来的失落感。这种情况我们也称之为"延迟障碍"(科学术语:拖延症)。

### 案例分析

曼努埃尔(参见以上"任性、放纵"词条下的案例分析)发现自己也很难坚持去完成一些对他的前途很重要却平淡乏味的事情,其中包括大学期间的学习,特别是撰写硕士毕业论文。即使他已经计划并保证会花上一整个下午撰写论文,但在那个下午,他最终依然会在打游戏、上网和看电视中度过……他的女朋友玛琳娜曾好几次跟他说,也许中学的学业太过容易对他来说不是件好事。因为在那个时候,他没有学会坚持不懈,并对自己的学业负责。

**如何识别自己的愤怒型/冲动型儿童模式?**

首先,很重要的一点是,不是所有的愤怒或者冲动行为都该被视作一种障碍模式。生气是人的正常情绪,我们每个人都常常会生气。如果一个人从来不生气,那也是个问题!让人合理生气的原因有很多。绝大多数人都知道,对于某些必要但让人感到讨厌和反感的事情,我们通常会拖之又拖。除此之外,大多数人在累了或者饿了的时候都更容易变得暴躁——这个也不能强行归为愤怒型儿童模式。

在愤怒型/冲动型儿童模式的图谱里,我们首先要指出的是,这些反应方式都会频繁出现,并且会一再导致一系列的问题,例如影响工作岗位、危及伴侣关系等,因为身边的人都无法理解这些人表现出来的过激反应。下面的描述可以帮你确认哪些符合你的想法。不过,需要注意的是,下列问题并不代表着"全部的真相",你自己的评估也很重要。

- 我只要一生气就控制不住自己,会失去理智。
- 我想做什么就做什么,不会去考虑别人的感受和需求。
- 我不遵守规则,但事后会后悔。
- 我有种感觉,就是我不用像别人一样遵守规则。

在第二章第一节(脆弱型儿童模式)中,我们讨论的是关于悲伤、弱小、孤独或是自卑的情绪。这说明,处于这种模式下的人的经历通常是消极的,是让人非常难受的。但处于愤怒型/冲动型儿童模式的人却往往很强势,他们会感到自己很强大,或是有"终于可以狠狠教训他一顿"、限制别人的感觉。不过,他们往往事后就会为自己的行为感到后悔;或者,在愤怒爆发的前后他们也会感到难过和孤独。

特别是具有任性型或冲动型儿童模式的这类人,他们当下的情绪通常并不激烈。因为他们就像孩子那样,只接受或是放任自己做自己感兴趣的事(或者不做自己没兴趣的事……),并自我感觉良好。随着时间的推移,这类人往往也会遇到其他问题,比如银行负债、不和睦的伴侣关系、学习成绩差等(参见方框中的"问题行为"和术语表中的条目)。

另外,对具有愤怒型/冲动型儿童模式来说,身边的人可能会比当事人更不堪其扰。比如他们会告诉你,他们觉得你的行为不正常,过于任性,逆反得让人头疼,或是你太过唠叨。特别是当你从不同人那里听到了相似的描述时,你就得敲响警钟了——因为他们说的很可能是真的!

## 问题行为

在心理学中,当某个特定的行为方式短期内让人感到愉快,但长此以往会带来问题的时候,我们就将此称为"问题行为"。与之相反,"健康"行为指代的是那些短期并不令人愉快或让人感到压力,但长期来看会有回报的行为。

一些问题行为方式的例子:

吸烟:吸烟能在短时间内让人放松,但从长期来看,它是有害的。而与之相对的"戒烟"则是在短期内极难实现,但长期而言,却是有益健康的行为。

暴饮暴食:食物能让人获得一时的享受,但长期的暴饮暴食会引发身材和健康的问题。"适度饮食和适量运动"在短期内可能让人无法坚持,但从长远考虑是非常值得的。

你不妨试着仔细回想一下,自己是否有"延迟报税""不看牙医"这类行为。

具有冲动型、任性型、缺乏自控型儿童模式的人身上通常会出现这类典型的问题行为方式。也就是说,在每个场景中,行为在短期内并没什么不对,它们引发的都是长期性问题。

除此之外,是什么触发了这些情绪?这些情绪具体是什么?可追溯到的与之相关的童年经历是什么?这些问题对我们理解这类儿童模式

来说也很重要。对此,我们提出了以下相关问题:

- 什么是你愤怒型/冲动型儿童模式的触发器?它们出现在哪些情况下?
- 你最显著的感受和情绪是什么?沮丧,生气,愤怒或是抵触?这些感觉让你感到自己变得更强大,还是更弱小?
- 你是在愤怒型儿童模式之后又陷入了悲伤型儿童模式,还是两种模式的情绪在你身上并存交织?
- 处于这类模式下,你在思考些什么?人们通常会感到自己遭遇了不公平的对待——那么,这个不公平的点在哪里?
- 当你在思考这些的时候,哪些回忆和心中的画面也掺杂其中,或被触发了?
- 处于这种模式下,你有哪些典型的行为举动?你对他人以及他人对你的反应是如何的?你还记得哪些童年时期的人或情景?

以上问题可以帮助你清晰地认识这个模式,你也可以通过它们更清楚地了解到过往经历中引发这个模式的源头是什么。

**如何识别他人的愤怒型/冲动型儿童模式?**

从逻辑上来说,识别这类模式主要通过生气或者愤怒的情绪。其重点在于,他人的这些生气或者愤怒在你看来是否太过夸张。可能你理解某人的沮丧或气恼,但其程度超过了你所能接受的,其生气的表达方式也超过了合理范围。其中一种类型可能是有人因为一件看似很小的事情而大发雷霆。另一类也可能是有人不断地对同一件事或情景生气恼怒,久久不能平息。作为旁观者,你会想:"反复为了这个生气毫无意义,他必须真正克服它。"然而,当你把这个想法告诉对方的时候,他可能会指责你或者开始流泪哭泣。

　　你可以从他人的行为方式上了解对方更倾向于哪类儿童模式，是冲动型、任性型、抵触型，还是缺乏自律型？你或许会因为对方理所当然地以为自己是"被伺候的那个"而感到生气；你或者会发现，尽管在简单而客观地讨论一个问题，可你的伴侣却抱着不可思议的抵触的态度在回应。当你感到"这也太幼稚了！"或是"这一点也不像成年人！"的时候，儿童模式通常就出现了。当一个人处于脆弱型儿童模式下，周围的人大多会报之以同情。但当一个人处于愤怒型/冲动型儿童模式下，其他人也会迅速被激怒或者感到沮丧。因为当你打算理智行事的时候，对方却保持着愤怒且不合时宜的行为，以至于无法正常沟通。

　　问自己以下这些问题可能有助于更好地了解对方的模式。当然，如果与对方足够亲近，比如他是你的伴侣或是好朋友，那么将这些问题提出来，直截了当地与当事人商讨也很有用。不过，这类讨论不妨在对方处于健康成人模式下（参见第五章）进行。

- 你是否了解这类模式在当事人身上是如何被触发的？
- 你认为当事人"真正需要"的到底是什么？这通常同时发生在他们表达怒意的时候。比如当一个人因为被排斥而生气时，他实际上需要的是沟通与关心。
- 你如何应对这类模式？情况发生的当时，你是什么感受，有怎样的反应？
- 处于愤怒型儿童模式下的当事人的"真正的需求"与其所处环境的反应有多匹配？当事人的需求是否真的可以被满足？
- 特别针对任性和缺乏自律型儿童模式：

你认为当事人这种模式的成因是什么？是否他/她的父母或者其他重要的人同样是任性或者冲动的？或者他/她在儿童和青少年期所受的管教太少？

● 特别针对冲动型和愤怒型儿童模式：

你认为当事人这种模式的成因是什么？是否因为他/她的监护人同样是易怒和好斗的？还是因为当事人常常遭到恶劣的或者极不公平的对待？

一方面，当一个人处于愤怒型/冲动型儿童模式时，对方也会因此心烦意乱或是感到沮丧，并把这些情绪表现出来。另一方面，也可能会出现的是，当一个人感到无力无助的时候，他/她会任由对方生气或者任性。

## 第三节 幸福型儿童模式

如果你具有高度幸福型儿童模式，那你真的是位"幸运儿"。幸福型儿童模式包含着乐趣、愉快、随性、活力和轻松。在幸福型儿童模式中，我们都会做一些有趣和让人觉得舒服的事情，例如玩游戏、从事竞技类体育活动。而无论是游玩主题公园、看马戏、看电影，还是参加狂欢节化装舞会，或者只是和朋友打牌，都能让我们感到愉悦。在这类模式下，我们感到自己和他人都是相互熟悉、相互联系着的，并不会有孤单的感觉。

高度幸福型儿童模式能保护我们远离心理问题。因为大多数至今所知的脆弱型和愤怒型儿童模式的行为方式正好与幸福型儿童模式相悖。也就是说，如果一个人处于重度脆弱型儿童模式中，那么他常常只拥有微弱的幸福型儿童模式。反之亦然。

这意味着，大多数阅读本书的读者应该有一个重要的目标需要去完成，那就是构建和增强自己的幸福型儿童模式，并让它日渐替代内心的愤怒型或脆弱型儿童模式。当然，我们并非要毫不间断地一直做一个"无忧无虑的快乐小孩"，而是要追求健康的内心平衡。事实上，没有重大心理问题的人在大多数时候都处于健康成人模式（参见第五章）。重要的是，当你感到负担过重、精疲力竭或是产生任何想要"好好玩，能放松一下"的需求时，你能找到那些让自己重回幸福型儿童模式的活动。这种方式可以缓解你在工作中或与他人的社交关系中出现的精神压力，平衡或调剂沮丧的心理状态。

## 案例分析

### 案例一

安妮（Anne R.）是一名研究所的化学研究员，和丈夫共同抚养三个孩子。她的日程表排得很紧，常常工作到深夜。幸运的是，安妮有一些能让自己恢复到幸福型儿童模式的解压活动，其中包括和闺蜜们一起尽情欢笑，玩放松嬉戏的双头纸牌游戏（Doppelkopfrunde）。周末，她会带着孩子们去游乐园玩过山车，看精彩的表演。在此期间，她几乎完全感觉不到自己每天承受的压力和责任。

如果没有这些幸福型儿童模式的调剂，安妮大概会受到心理疾病的威胁，比如情绪崩溃（职业过劳）。而如果她偏向于惩罚型家长模式（参见第三章第三节），那就不会允许自己去做这些有趣的事情，情绪的平衡会因此被完全打破，她也会陷入心理上的"螺旋式下降"。

**案例二**

马库斯(Markus G.)在完成教育专业培训后又在大学里修读了社会教育学。还是个少年的时候,他就在各种培养课余兴趣的马戏活动中工作,和朋友们练习了不少杂耍技巧,还排练了歌舞演出。他把幸福型儿童模式干成了他的工作。夏天里,他和朋友们会作为杂耍艺人和艺术家在节日活动和剧场里表演。他最爱的就是随性地在街上来一段表演。幸运的是,马库斯的妻子是个教师,也是公务员,所以,工作性质带来的经济上的不稳定性和不安全感并没有给马库斯造成真正的威胁。他自己也知道,在将来的某个时候他很有可能必须去做些别的事情,给自己找另一份工作。

**案例三**

罗斯玛丽(Rosemarie L.)是一名60岁的特殊教育工作者,单身,没有孩子。不过,因为她非常喜欢孩子,所以经常和许多侄子侄女以及朋友们的孩子保持着密切的联系。对孩子们来说,在罗斯玛丽这里度假是最重要的事情了,因为她总会带大家去玩具店,一起做些好玩的事情。罗斯玛丽自己也很快乐。和孩子们逛完玩具店后,她会和小天使们一起拼装新玩具。常常和孩子们去动物园里寻宝、去徒步也能让她感到身心愉悦。

**如何识别自己的幸福型儿童模式?**

或许你能很容易就辨识出自己的幸福型儿童模式。在这个模式中,你会感到幸福、轻松、有活力,甚至笑声不断,而且觉得,这世间的一切都很美好。你带动着别人远离任何嫉妒或妒忌。这个世界和你的生活充满着多姿多彩的颜色，散发着快乐的光芒。以下问题都归属于这个模式：

- 我感到被爱，被接纳。
- 我很满足，也很放松。
- 我信任大多数人。
- 我比较随性和顽皮。

而那些觉得自身的幸福型儿童模式比较弱的人，需要问自己以下几个重要问题：

- 在什么情境下，什么人或是哪些活动引导你进入了幸福型儿童模式？
- 上一次你处于幸福型儿童模式是在什么时候？回想一下上周，想想你什么时候是感到特别幸福、快活和轻松的？
- 你的幸福型儿童模式是怎样的？什么对你来说是特别重要的？是特定的某些人，某些活动，还是某些特定的场景条件（比如周末、好天气等）？
- 哪些事物能引导你更易进入幸福型儿童模式？例如，很多人在经过耐力训练后会觉得轻松，这帮助他们能更好地彻底放松自己或参加竞技类活动。

请记住，生活鲜有完美！即便你相信你从来没有处于强幸福型儿童模式中过，但一定会有某样特别的事物引导你越来越接近那个状态。最主要的是，我们首先探寻其在自己生活中存在的可能性，然后逐步将之扩展和加强。

**如何识别他人的幸福型儿童模式？**

这一部分通常比较简单。当你觉得对方很有感染力、很有趣或很快乐时，当你在与对方相处时总忍不住笑时，你有可能已经感受到了对方的强幸福型儿童模式了。脆弱型和愤怒型儿童模式中常会发生的是它会让当事人身边的人越来越有负担或是感到害怕，因而造成恶性循环。但幸福型儿童模式则恰好相反。那个总处于幸福型儿童模式的人会把幸福感和轻松快乐的情绪传递给身边的人，影响他们，让他们觉得和他相处是舒服的。也就是说，这类模式的影响与恶性循环正相反，其意义在于"分享快乐，就会产生双倍的快乐"。那个经常笑、经常处于幸福型儿童模式的人会感染其他人，最终受到大家的喜爱，与他人的相处更为融洽。从长远来看，它也能帮助人们保持精神和情绪的稳定，从而体验到更多幸福型儿童模式中的快乐。

### 案例分析

克斯廷（Kerstin U.）是一位成功地把幸福型儿童模式深植在她的生活中，令人羡慕的女性。她的工作是管理培训师和团队治疗师，事业非常成功。不过她也花了不少时间陪她女儿一起参加活动，例如运动、玩游戏、去儿童剧院看戏。她身上散发的快乐很有感染力，很快就能让周边的人都感受到。特别是她的笑声，非常引人注意。当克斯廷和一群同事或朋友晚上走在街上的时候，有她在的时候的气氛总比没有她的时候更有趣。因此大家都喜欢和她在一起，也经常邀请她参加社会活动和各种派对。公司同事们很喜欢和她一起工作，经常向她推荐合作项目，因为和她在一起时气氛总是那么好。

# 第三章
## 机能不全家长模式

本章描述的内心世界的部分或是让人承受着巨大的压力,或是让人感到自己被否定甚至被憎恨。例如,在你心里有个声音一直反复对你说,你不够聪明、不够吸引人,以致无法实现你的目标。这些心理暗示大多可追溯到人的幼年和青少年时期——没有人天生就会否定自己,大多是因为别人在其孩提时期以某种形式传递给其不值得被爱、不够好的信息。为了厘清这些来自他人早期所传递的信息的源头,我们将这一部分称为"机能不全家长模式"。"机能不全"在这里指的是"有害的"或是"毫无帮助的"。

遗憾的是,这里会有些字面上的误导,因为它听起来似乎是如果你没有照顾好自己,这就是你父母的责任。对于有些人来说,确实如此。父母在这类模式下扮演着重要的角色。然而,导致问题出现的通常并不是父母的全部行为,而是有问题的那一部分。例如,你的父母非常爱你,并在一些场合都表现出了这一点,但同时在某些事情上他们又过于力求完美,以至于这种完美主义对你造成了被称为"苛求型家长模式"的消极影响。

不过,给人造成深层次伤害的常常是父母之外的其他人。这些伤害会在之后以"惩罚型家长模式"的形式表现出来。最常见的例子是,如果一个孩子在上学期间受到班级同学的欺凌,那么强烈的自我否定可能会伴随他一生。另外,这种情况经常会发生,一个家庭中父母之外的亲人,例如祖父母、叔婶舅姨,通过批评、冷落,甚至虐待的方式给孩子传递"你不配""你很差劲"的信息。兄弟姐妹同样也会成为嫌弃和交恶的根源。

尽管父母并非每次都参与其中,我们依然继续沿用"机能不全家长模式"的概念,这不仅因为一部分父母的行为确实是问题的原因,而且因为在图式疗法中用"父母"这个概念在全球也很普遍。这也是因为英语中照例将"家长"的概念翻译成父母。但事实上,担任家长角色的也可能是父母之外的其他人,包括类似教师或其他榜样性的人物。

下列方框中列举了一些机能不全家长模式的例子。例子中的当事人分别具有苛求型和惩罚型家长模式。说不定通过例子中它们呈现出的特点,你能厘清这两种模式的区别在哪里。

## 案例分析

### 案例一

当米利亚姆(Miriam P.)与朋友发生争执的时候,朋友有时会惩罚性地一整天不跟她说话,坚持不看她一眼。这样米利亚姆就会害怕——她感到了孤独,觉得不再被爱了(陷入脆弱型儿童模式)。同时,她会谴责自己是个自私的人,并对如何取悦朋友倍感压力,即使她依然认为自己在冲突中的立场是正确的(情感索求型家长模式)。朋友的行为让她深深地回忆起自己的母亲。当米利亚姆不合她心意的时候,母亲同样也用"不再爱她"做惩罚,唤起她强烈的负疚感。也许是因为这个原因,她对这类情况特别敏感。

### 案例二

安德烈娅(Andrea F.)在修女寄宿学校的时候曾遭受过虐待般的严厉惩罚。如果她忤逆修女的话,惩罚之一就是不让她吃饭。多年以后,即使对方不占理,作为少妇的安德烈娅也已完全无法做到去反抗别人了。她反而会对自己产生强烈的羞耻感和自我厌恶。而且,她无法轻松地享受美食。每当她受邀去享受美食时,她就会感到羞耻和自我厌恶。占据在她心中最强烈的感觉和想法就是自己不配得到如此美味的食物。此处的禁令,如"你太差劲,所以不配得到好吃的"是重度惩罚型家长模式的表现形式之一。羞耻感则来自于脆弱型儿童模式,就像曾被修女拉出来示众过的安德烈娅那样。

### 案例三

马丁(Martin L.)无论是在高中、大学还是工作期间都表现出色,这让他得到了父母和老师们的赞扬。从某个时刻起,这已被当成了理所当然。今天他38岁,原本想多花一些时间和女朋友待在一起,然而事实是,他几乎无法从办公桌前离开。只要有工作在那儿,他就有先把工作完成的压力。即使他先行离开,心里也会时时刻刻想着工作,几乎无法让自己放松下来好好玩。他的脑中永远萦绕着各种声音:"你必须做这个做那个!""下班回家之前,你必须把×××做完。""先把工作做完,之后总有足够的时间去享乐的。"……与成就或表现有关的,大致都可理解为苛求型家长模式。

机能不全家长模式和脆弱型儿童模式（有时候也有愤怒型儿童模式）经常（但不总是）同时出现。往往任意一个事件，例如来自朋友的批评或是同事的驳斥，都能首先挑起，即触发机能不全家长模式。上面方框中米里亚姆的例子里，她的情感索求型家长模式就是由朋友不理她这个行为触发的。

或许你还会遇到这类情况：做完的工作被领导驳回，还被批注指出你的错误。这些都是普通的工作程序，应该不会致使你的心情极其糟糕。但如果你具有重度苛求型家长模式，这件事会立刻触发你相应的情绪。你可能会觉得自己被狠狠数落了一顿，感觉自己什么事情都做不好。如果你身上的机能不全家长模式非常强烈的话，即使那些批评是客观并有建设性的，你都会害怕自己兴许马上就要被解雇了。或许，你也可能觉得自己很弱、很无助，或是感到羞愧。这些都取决于你在幼年或青少年时期经历了什么。机能不全家长模式会伴随着脆弱型儿童模式一起被触发。

尽管这两个模式经常同时出现，但重要的是，要将家长模式和儿童模式分开治疗。因为在接下来的过程中你会发现，我们会用较为不同的方式应对他们。面对脆弱型儿童模式时，我们处理的方式是去安慰、去保护，更好地关照患者。与之相对的，在处理机能不全家长模式时，尤其在患者的生活质量因为它而受到极大影响的时候，我们要减少和限制在这种模式中产生的情绪和想法，也有必要采取各种完全不同的处理方式。所以，即便家长模式和儿童模式几乎总是"手牵手"出现在你面前，我们也要从根本上将它们区分对待。这一点很重要。

> 注意！归根结底，机能不全家长模式的状态指的是当人们将自己置于过强的压力之下，当人们不允许自己拥有属于自己的需求，当人发现自己的感觉是可笑的，或是因为一点事就贬低自己而不做任何辩解的时候。

来自机能不全家长模式的要求和指责在内容上往往颇为不同。重要的是，我们要了解各类家长模式的确切特征。正如你在前文读到的那样，苛求型和惩罚型家长模式之间是有区别的。当然，不同类型混合在一起的机能不全家长模式也可以在同一个人身上显现出来，尤其是当事人在幼年时被各种不同的人（例如父母、老师和同学）贬低过。

**带有挫败感的苛求型家长模式**

这类人往往会给自己提出过高的要求。这通常都与学业和工作中的表现有关——例如"只有做完所有的工作你才能放松"。在女性中尤为常见的是当其涉及身材和体重的时候，她们会陷入强烈的苛求型家长模式。当过高的要求无法被满足的时候，这类人会产生挫败感，认为自己是个失败者。

**带有负罪感的苛求型家长模式**

或许对于自己的个人表现，你保持着健康而平和的心态。但在生活的其他方面，你也许正遭受着苛求型家长模式带来的压力，比如社交。在与人交往中，你或是无法顺利设置社交边界，或是无法顾及自己的想法。因为苛求型家长模式出现了——此处暗示的要求不再是"你必须一直做最好的那个"，而是"你必须在交往中取悦别人"。而当一个人无法正确应对这种情况时,通常就会产生负罪感。

**惩罚型家长模式**

这类模式较少涉及当事人对自身提出要求或规定。典型的惩罚型家长模式体现在患者内心总有个自我贬低的声音。这些声音传达的信息往往带着非常绝对且宽泛的语气。比如"你以前就一直……""你永远都不可能……""你绝对……",而句子的后半部分则是一些诸如愚蠢、糟糕、讨厌之类的贬义词。

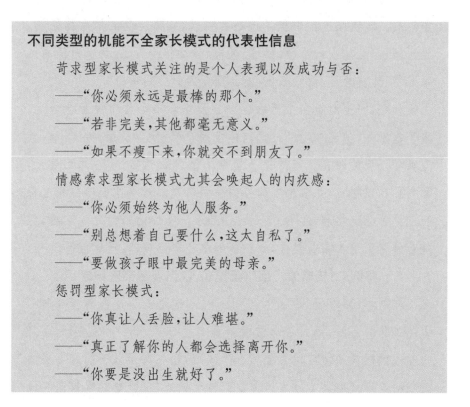

**不同类型的机能不全家长模式的代表性信息**

苛求型家长模式关注的是个人表现以及成功与否:

——"你必须永远是最棒的那个。"

——"若非完美,其他都毫无意义。"

——"如果不瘦下来,你就交不到朋友了。"

情感索求型家长模式尤其会唤起人的内疚感:

——"你必须始终为他人服务。"

——"别总想着自己要什么,这太自私了。"

——"要做孩子眼中最完美的母亲。"

惩罚型家长模式:

——"你真让人丢脸,让人难堪。"

——"真正了解你的人都会选择离开你。"

——"你要是没出生就好了。"

有些人患有严重的"普遍性"机能不全家庭模式,即这类模式出现在他/她生活中的许多情景中,甚至几乎是他/她生活中的各个方面。而另一些人,只有在某些特殊情况下才会被触发这个模式(请参阅方框内容)。

## 案例分析

**案例一:全面伤害型家长模式,几乎作用于所有场合。**

在修道院寄宿期间,安德烈娅(Andrea F.)被禁止表达自己的想法,不然修女们就会剥夺她吃饭的权利,还会把她拉出来示众以作惩戒。即使在工作中犯了很小的错误,她都会受到严厉的惩罚。此外,任何身体上的享受(如性、拥抱、适度打扮自己、足够时间的热水浴等)都被禁止、被妖魔化,她甚至会因此受到惩罚。

如今,安德烈娅在生活的各个方面都学不会珍惜并善待自己。除了吃以外,她还"禁止"自己肉体上的享受,比如洗澡、性、按摩,甚至享受温暖的阳光。当她犯了某个小错误的时候,她会感到难过,觉得自己很糟糕,并认为自己应该受到惩罚。对于像安德烈娅这样长期抑郁且情绪非常不稳定的人来说,一段长期治疗尤为重要,它能帮她克服这类家长模式,也能教她学会宽待自己,更爱自己。

**案例二:情感索求型家长模式,仅出现在某些场合**

玛丽塔(Marita K.)是一名社工——这是一个让很多人耗尽心力的工作。不过,玛丽塔通常能张弛有度,唯一的例外是在她面对男孩子的时候。与应对其他客户不同,玛丽塔对男孩子们有更强的责任心。即使有些事原本应由他们自己完成,但她总觉得自己应该替他们完成。

> 在一堂预防职业倦怠的进修班课程中,她反思自身这个情况并惊奇地发现,这些行为方式极有可能源自她童年的经历。玛丽塔的弟弟是个残疾人。作为姐姐,她从小就要照顾弟弟。如今,工作中的那些男孩子再次唤醒了她的潜意识,她对他们的责任感就好像当初她对于弟弟的照顾。

在以下篇章中,我们将更详细地阐述以上三种机能不全家长模式。

## 第一节　苛求型家长模式

注重个人成就和表现的苛求型家长模式会驱使当事人力求完美、达成所有目标,或是在全方位做到最好之前不能休息。一个深陷苛求型家长模式的大学生只要有一次没拿到最高分,就会认为自己很失败,甚至会考虑更换专业;而一个在工作中处于这类模式的人很容易会陷入职业过劳,因为他/她不放任自己休息片刻。他/她会设置过高的目标并一味追随,因为他/她是个完美主义者。这类人不会允许自己放松。在他们看来,成功、工作和纪律远高于乐趣、快乐和放松。

另一个涉及苛求型家长模式的领域和外貌(尤其是身材和体重)有关。在这方面陷于重度苛求型家长模式的人会不断给自己提出饮食和运动方面的要求。晚上吃一份甜点意味着第二天要运动到极限。具有此类模式的人面临的最大问题是挫败感。

## 案例分析

丽萨(Lisa L.),32岁的职业女性,育有两个孩子。少女乃至大学期间的她一直拥有苗条的身材,并勤于锻炼。生完孩子后,她的体重增加了几公斤,但她没有办法,因为她平时就没什么时间运动。所有人都觉得丽萨看上去还是那么苗条、有活力,但她却对自己的身材和体重很不满意。因此,她长期节食、坚持锻炼,但又因压力和时间的关系无法坚持。她每天早晚都各称一次体重。如果哪天她因为一顿美味的晚餐而加重一磅的话,就会很生气、很绝望、自我纠结,并在第二天晚上以一大圈慢跑来代替晚餐。

重度苛求型家长模式的群体通常会被其父母或其他重要关系人提出严厉的要求。他们记忆中出现的经典话语也许是:"得1分是理所当然,得2分是马马虎虎。如果是2分以下,那简直让人瞧不起。"[①]这类人在表现优异时特别缺少应得的表扬,这容易让他们陷入"仓鼠效应",即永远在追求更好的成绩。这正如他们的座右铭:"总有我足够优秀的那一天。"然而,从这样天真的角度是无法看清所谓的"足够优秀"其实永无止境。

很多时候,那些在成年后处于重度苛求型家长模式的人在幼年和青春期都参加过竞技类运动或者精通一门乐器。在治疗过程中,我们研究发现,这类模式患者的职业通常是柔道教练、田径教练、游泳教练或者钢琴老师等。"永远都不能满足,必须坚持不懈地训练。但一个所谓最好的结局或是圆满完成的目标其实并不存在。"

---

① 在德国教育体系中,1分最高,2分为良好,4分为及格,数字越大,分数越差。——译者注

造成这种情况的原因之一是成绩导向机制。在这套系统中,孩子们不断地向没有终点的方向前进,而且越训练越严格。如果一个孩子在地区级体育或者音乐比赛中获得成功,那么接下来就要晋级到全国范围内比赛来证明自己。如此循环往复,直到达到某个不设置成败输赢的层面上。

### 案例分析

马格努斯(Magnus K.)少年时曾专门训练过游泳。在当地,他是一名优秀的游泳运动员,还多次参加过州级比赛。不过,尽管他训练得异常刻苦,但他的全国排名却总是靠后,很少有突破第六或第七的时候。从此,马格努斯变了。即使获得来之不易的好成绩,他却依然感觉自己是个失败者。对于长达十五年的游泳经历,他主要的记忆点并不是多年来在区县里获得的各项成功,而是教练对他在国家比赛中的平庸表现感到失望的眼神。

后来,马格努斯开始了大学生活。他发现自己总是对即将到来的考试倍感压力。一旦没有取得优异的成绩,他就觉得自己是个失败者。这些都强烈地唤起了他在游泳训练时期的记忆。

**是苛求型家长模式,还是健康的上进心?**

我们生活在一个能靠工作中的表现、运动比赛中的成绩或是自己的外貌获得嘉奖或支持的社会。因此,许多人都有自己的"内部驱动力",它能持续推动自己向更高的目标努力,这些并不奇怪。那你也许会问,促使人进步的"健康的上进心"和苛求型家长模式的区

> 别在哪里呢?
>
> 最好的判断方法是看你在生活中是如何与这个"上进心"相处的,以及你在多大程度上能满足于成功之外的需求。如果你受制于满足自己的"上进心"而失眠、苦思冥想、吃不下饭,直到最后崩溃,那这就属于苛求型家长模式。如果你总是在不停地工作,以至于无法允许自己去参加一些令人放松和让人快乐的娱乐活动(比如跳舞、和朋友见面或者看电影),那就表示这类家长模式正在你身上发生作用。但如果你感觉不错,大体上过着舒适的生活,并且能自我放松,那么你的"上进心"基本上是健康的。

如前文所述,那些造成当事人陷入苛求型家长模式的家长或其他人,往往是为了当事人好。但是他们没有调整好表扬与要求之间的平衡,因而时常发生家长通过对好成绩的表扬来向孩子展现自己对他们的关心和肯定的情况。这并没有错,但若孩子极少因为其他原因得到父母的表扬和关心,就会导致他们认为只有好成绩和好的表现才能被爱。而当他们没有取得好成绩时,有些孩子会遭受情感剥夺的惩罚。这样的情况可能是:一个孩子拿着3分的成绩单回家,母亲表现出明显的失望,甚至一整天都不理他。这些家长的反应都会给孩子带来极大的心理负担,并把自己的真实情绪埋藏在心里最深处。他们会在以后的学习中尽量避免成绩不佳。但这并不意味着好的成绩能给他们带来快乐!他们只是很害怕因为成绩差而失去大家的关心和爱。

然而,有些时候,家长、老师或其他重要人物不会明确表达对孩子们的要求，而是以自我为表率。他们以成就为导向要求自己，很少在放松和娱乐上花费时间。这样即使他们向孩子们强调获得好成绩并不是生活的全部，却依然给他们树立了一个截然不同的榜样。这种情况在心理学上被称为"榜样学习"（Modelllernen）。

> 出现苛求型家长模式的几个因素：
> - 父母或者老师非常注重成绩和表现。
> - 如果表现不好，则会失去原有的爱和关心。
> - 绩效奖励，或是在其他方面缺少表扬和关爱。
> - 在要求人持续进步的以成绩为导向的体制内工作，比如竞技类运动或音乐领域。

**如何识别自己的苛求型家长模式？**
根据以下陈述你能再次检测自身是否存在苛求型家长模式：
- 在完成所有我必须做完的事情之前，我不给自己任何放松娱乐的机会。
- 我总是承担着取得某个成就或为某件事负责的压力。
- 我力求不犯任何错误，不然我会责骂自己。
- 我知道做事有"好"和"坏"之分；我会尽最大努力把每件事都做好，否则我就会开始自我批评。

一个很好的可以辨认出苛求型家长模式的方法是：当你无法达到自己设置的高标准严要求时，你会有什么样的感受？如果你在这类情况下感到失败、不安或是羞愧（儿童模式），隐藏在情绪背后的可能是"连一个小过失都不能放过"的家长模式。如果你能很好地原谅自己的错误,容忍一些小小的失败,正确看待它们,那你身上并没有显现苛求型家长模式。

**如何识别他人的苛求型家长模式?**

处于重度苛求型家长模式的人往往让人感觉过于完美主义。你会发现他们或是过于勤奋,承担过多不必要的任务,或是在某些情况下"用力过猛"。你也许会想:"为什么他/她要独自把所有事情都做了?这完全就没必要。他/她可以求助别人,没人会预料到是这样。"或是"如果一直这么干下去的话,他/她很快就会崩溃。这对他/她来说太多了,为什么他/她不让自己轻松一下呢?"然而,当你把这些想法告诉他们的时候,他们反而不理解你;或者你会注意到,他们根本就无法让自己放松下来。

在你印象中,可能会有这样的同事:他原本已经在超负荷工作了,但依然又接受了五项额外的任务。而你清楚地明白,这些任务都是被其他人推掉的。为什么这位同事从未像其他人一样推拒工作呢?答案就是苛求型家长模式在影响着他的行为。

是否存在苛求型或惩罚型家长模式主要是看与你沟通时当事人的反应。如果你的同事对于你提出的建议——"找个借口像其他人一样推掉工作"——欣然接受并立即采纳,那么他大致并不处于这类模式下,只是还没想到这个主意。然而,如果他开始向你解释为什么他必须做得比别人更多时,那他应该就是处于苛求型家长模式中了。

## 第二节 情感索求型家长模式

这类模式的当事人也会对自己提出过高的要求。不过这里的要求主要针对当事人应该有的想法,或者在某些社交场合应有的行为。这类人身上的典型特征是,他们总觉得自己应该为别人做所有事情,不能批评别人,必须时刻保持和蔼可亲;为他人谋福利是他们的职责。没有做到这一点的话,他们会产生负疚感。从事社会工作的人,例如医生、心理治疗师、社工或者护士,往往会表现出情感索求型家长模式。

### 案例分析

安雅(Anja M.)是一名很受欢迎的心理治疗师。她能很好地与他人共情,了解对方的问题,并善于支持和鼓励他人,让他们振作起来。但是无论是在工作中还是在个人生活中,她却常常无法给自己划定一个界线。实际上,这是非常必要的。她总是照顾每个人每件事,哪怕这对她来说已经超负荷了。但如果让她拒绝其中一些,她又会感到内疚,或者觉得自己不会再受爱戴了。

安雅的母亲患有抑郁症。患病期间她与人疏离、不友好,甚至对待自己的孩子也是如此。当时安雅曾一再尝试让母亲开朗起来,哪怕从她脸上看到一丝笑容。

因此,如今的安雅依然有这种感觉。那就是让别人振作起来是自己的责任。而如果她不能照顾身边的人,让他们都感到幸福和满意的话,她就觉得自己不会再被爱了。

**家长化**:安雅的经历是情感索求型家长模式之所以产生的典型案例分析。那些父母(或父母中的一方)患有精神疾病(通常是抑郁症)的人,往往会对自己的情感提出过高要求。这可能是因为他们从小就意识到自己要对别人的情绪和幸福负责。有时候,精神病人家庭中的其他成员也会因为感到无能为力而退缩放弃。这个时候,女儿可能会选择单独陪着母亲,并最终负责把母亲从情绪边缘拉出来。这个过程在专业术语中被称为"家长化"。该术语是用来描述孩子过早地扮演了成年人的角色,特别是在社交方面和情感领域。

相似的情况也会发生在父母离异后,父母中的一方将孩子当成"垃圾桶",用来发泄对于婚姻或者婚姻另一方的牢骚和不满。尽管与他的实际年龄不符,此时的孩子会迅速扮演起咨询师、安慰者或调解员的角色。如果这个角色扮演得不"成功",比如父母的一方并未得到安慰,孩子就会产生内疚感,并会努力更好地承担起照顾大人的责任。但孩子其实并不明白,充当这样的角色与他的年龄并不匹配,这样的要求对他/她来说太苛刻了。他只认为这些是理所当然的,而这种心态——通常以情感索求型家长模式出现——伴随了他一生。

**榜样学习:**"榜样学习"也在此类模式中发挥了作用。那些成年后具有情感索求型家长模式的人,童年时往往有过这样的经历:家中所有成员都要顾及其中一人的情绪,比如患有抑郁症的母亲。另举一个例子:"他哄好了爸爸/奶奶/爷爷,让大家都开心满意,所以他得到了所有人的喜爱!"不管例子中的那些人内心的真实想法是什么,他们都必须继续扮演这个照顾大家情绪的特定角色。因此,我们的当事人也极有可能会像他们一样表现出喜欢、关心、友爱之类的情绪,即使他们的真实感觉并非如此。而在他们成年后的一段关系中,他们会为坦诚表达自己不喜欢某个事物而产生强烈的负疚感。

## 案例分析

安娜(Anna L.)是名护士,在工作中很受欢迎。她是个安静、平和而快乐的人。不过,她也发现总有那么几个患者会给她带来巨大的压力,让她变得慌乱,并且因为没能让他们满意而破坏了自己的心情。这几个人都是典型的专横且吹毛求疵的患者,和安娜的父亲很相似。父亲不在家的时候,安娜的家庭生活是和睦而温馨的。而一旦父亲回家了,家里的其他人就会试图让他"保持开心",以免激怒他,让他变得暴躁。那个时候,没有人明确告诉安娜该怎么做,她的所有行为都是在她还是孩子的时候从母亲身上学来的。

在极端情况下,有些人会因为在童年时期没扮演好这类情感补偿的角色而经历更可怕的事情。我们总是听到例如关于酗酒者女儿的报道:她们的父亲都是性情多变、易怒且暴力的,特别是在他们喝醉以后。如果她们的母亲无法离开父亲,那她们往往会表现得温顺些,以免激怒父亲。当来自这种家庭关系的孩子在以后人生中的一段关系中试图表达自己需求,或是批评自己伴侣的时候,她们都会模糊地感觉到危险的存在——尽管客观来说她们并不需要担心什么。

注意!在情感索求型家长模式中,以下有关既往经历的原因是最具代表性的:

家长化:父母或兄弟姐妹或是患病,或是精神状况不稳定。孩子从小就担负起要照顾他人安康的责任感。

> 榜样学习：孩子从小就会效仿其他家庭成员，要采取某些于关系有利的行动来满足或取悦某个家庭成员。
>
> 如果家庭成员和孩子没有按其他人的需要或心情行事，那他们就会受到威胁和伤害。

**如何识别自己或者他人的情感索求型家长模式？**

根据以下描述你可以自测是否可能出现情感索求型家长模式：

- 我会尽我最大努力取悦别人，以免发生任何冲突、争论或是反驳。
- 如果我对别人发怒，我就是个糟糕的人。
- 我迫使自己比其他大多数人更有责任感。

正如注重个人成就和表现的苛求型家长模式（参见第三章第一节）一样，你会发现本节中的家长模式也会让你倍感压力，极难表达自己的内心需求，即使客观来看它们是合理的。

如果你感到某人对他人的取悦讨好的程度已经超过了必要的范畴，或是某人本应更多地提出自己的需求时，此人可能已经具有情感索求型家长模式了。然而，在你表达完这些想法后，你会发现，即使这些原本就是他们自己想要的，他们却依然很难接受你的建议。这些无法自控的情绪和行为与苛求型家长模式很相似。

## 第三节　惩罚型家长模式

这类模式下的当事人极度贬低自己，甚至自我憎恨。具有重度惩罚型家长模式的人在既往经历中往往遭受过情感、身体上的伤害,甚至是性虐待。例如,如果一个女孩在青春期被班级同学取笑过胸部太大,那很可能在她的余生中,她都会为自己胸部过大甚至整个身体感到羞耻。或者,如果一个少年因为犯了轻微的错误而受到严厉惩罚,那在他以后的人生中,他就会因为犯了一个小错误而立刻觉得无法容忍自己,并认为自己应该受到惩罚。

造成惩罚型家长模式的暴力方式有很多种。有些人可能"只是"经历过其中一种;但当情况变得糟糕的时候,许多关键点也就都汇聚到了一起。

**性虐待**:这无疑是暴力行为中最"出名"的一种,通常立即让人联想到孩子的父亲。然而,我们必须认识到的一点是,施暴者不仅限于父亲,也可能是其他男性甚至女性,例如祖父及其他亲属、邻居,或是青年团团长、体育老师或牧师之类自己信任的人。性虐待导致的惩罚型家长模式的原因有很多。一方面是因为受害者对事件本身感到十分羞耻,尽管这不是他们的错。因为施暴者往往会告诉孩子,遭受这样的对待是他们自己的原因,或者这些都是他们引诱导致的结果。另一方面,被虐待的儿童往往会认为自己本来就不值得被更好地对待——所以,他们认为自己是不好的人。

**身体及生理伤害**:这里指孩子遭到殴打或因其他方式所遭受的疼痛。在殴打孩子的父母或其他关系人中,有些人是因为本身极易激动和发怒,有些人则是因为有施虐倾向,即施暴者明显以虐待儿童为乐。这些往往会给孩子留下极为严重的心理创伤,并导致他们形成重度的惩罚型家长模式。另外,班级同学及其他同龄人也可能成为当事人身体或生理上的施暴者,并给当事人留下可怕的心理阴影。

**精神伤害**：这里指父母以极端的方式利用了孩子的情感。例如，父母中的一方向孩子描述另一方的性生活问题；将夫妻关系中的问题归咎于孩子，使其产生负疚感；以自杀为由离家出走，留下陷于绝望中的孩子等。

**忽视**：当孩子体会到自己不值得被好好照顾的时候，他们很可能会将这样的"概念"保留到惩罚型家长模式中。其中包括缺乏足够的营养、衣服、饮水或温暖等；也或许是父母会突然失踪几天，然后又毫无缘由或征兆地回家。

**其他严厉的惩罚**：有些人在童年时曾遭受过残酷的惩罚，其中包括光着身子被锁在门外、禁食、在黑暗的地下室关禁闭等。这些经历通常都会深深地烙印在当事人心里。如果他们没有接受针对性的治疗，就永远无法真正克服这些心理阴影。

**校园霸凌**：这里主要指来自班级同学或同龄人的欺凌，也可以把它看作一个非常极端且长期的暴力行为。受害者通常在事后才透露自己常年被欺负。其中最致命的是遭到同班同学的欺凌，因为施暴者都是多年来几乎每天必须与之共处数小时的人。而揭露这些欺凌行为则会被认为是告密，并使受害者遭到更糟糕的对待。因此，受害者常会深深地感到绝望，不得不屈服于暴力之下。

## 案例分析

### 案例一

芭芭拉（Barbara P.）是一位28岁的边缘型人格障碍患者。她无法正常地工作和生活，因为哪怕是遇到很小的问题或冲突，她都会伤害自己,而且也不相信任何人。在童年时期,芭芭拉曾长年遭受祖父严重的性虐待。她的父母隐约知道这件事,但并未采取任何措施,而是仍然将她送到祖父母家中。如今芭芭拉认为自己和自己的身体都非常糟糕。她总觉得自己应该受到不好的对待,也不允许自己有任何需求,更别提把它们表达出来了。每当她特别讨厌自己的时候,她都会以自残的方式来惩罚自己。

**案例二**

米利亚姆(Miriam T.)如今几乎吃不下任何东西,因为进食会引发她极端厌恶的情绪。除此之外,她还觉得自己非常可怕,让人难以忍受。米利亚姆从小就在寄养家庭长大,养母可能是个虐待狂,为人非常刻薄,总是责骂还是孩子的米利亚姆,说她偷东西吃。结果就是米利亚姆不得不饿着肚子上床。这些指控其实大多毫无根据,但对她的惩罚却是极为严厉的。

惩罚型家长模式会透露出各种不同的"信息"。实际上,这些都是关于自己不值得被爱的问题。此外,当一个人在做某些曾经被惩罚过的事情时,他会对自己产生羞耻感和厌恶感。表达自己的需求或拥有自己的权利,对这些人来说是完全陌生的。

**如何识别自身的惩罚型家长模式?**

根据以下描述你可以检测自己是否具有惩罚型家长模式:

- 因为我很糟糕,所以我不允许自己像其他人一样做开心的事情。
- 所有的惩罚都是我应得的。

- 迫切想惩罚自己的时候我会自残(比如用刀割自己)。
- 我无法原谅自己。

当你具有惩罚型家长模式的时候,你会常常觉得自己非常可怕,对自己感到十分羞耻,并且认为自己的感觉和需要都是不正常的,没有任何人可以信任。即使有人跟你说,他喜欢你或者你对他来说很重要,你也压根儿不会相信。

**如何识别他人的惩罚型家长模式?**

认识到他人具有惩罚型家长模式往往是因为你从他身上接收不到任何积极的"信号"。无论你如何尝试说服他们,说他们是值得被爱且珍贵的,或者一个小错误完全不会造成任何严重的问题,这些人依然会觉得自己糟糕到几乎一文不值。

这类人或是会抓住每个机会问你是否能忍受他们的陪伴,或者总是一再强调自己有多么愚蠢、多余和烦人。这可能会把你带入绝望中,因为作为另一方的你体验着与他们完全不同的经历。在某些情况下你甚至会很生气,因为你所做的尝试、所表达的同情和对他们的兴趣,对方完全接收不到。惩罚型家长模式和自我贬低的想法就像一堵墙一样横亘在你和对方之间。

## 案例分析

伊冯娜(Yvonne T.)具有明显的惩罚型家长模式。童年时遭受暴力的经历给她留下了心理阴影,让她觉得自己毫无价值。在外人看来,伊冯娜是位非常讨人喜欢的女士,这让她拥有一群忠诚可靠

> 的朋友。朋友马雅(Maja)在某些细微程度上与她有着相类似的问题。有时候,当伊冯娜因过度劳累而筋疲力尽,并因而觉得自己很没用看轻自己的时候,马雅会试图去质疑她对自己的认知和解释。她会建议伊冯娜从不同的角度看待事物,让她意识到其实她把一切都控制得很好。然而,这对伊冯娜几乎不起作用。她看上去似乎在听马雅说话,实际上什么也没听进去。马雅为此一度感到很沮丧,但也只能让伊冯娜继续"活在自己的世界里",即使她对这样糟糕的情况也感到很难受。

你可能已经注意到,惩罚型家长模式就像脆弱型儿童模式一样,也是个持续不断的恶性循环。当事人的感觉是他们不被允许主张自己的权利,甚至认为自己根本没有任何权利,而那些真心为他们好的朋友往往持有完全不同的看法。这些朋友会非常重视当事人的需求,并为满足他们而感到高兴,然而当事人却像是聋了一样,所有正向的劝说和鼓励都像是被弹了回来。极度自我贬低的人甚至会驱赶那些为他们好的朋友。有时候,他们的惩罚倾向还会延伸到身边那些因为对他们感兴趣而被贬低的人身上。

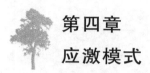

# 第四章
# 应激模式

在儿童和家长模式的章节中,我们重点描述了人在幼年或青少年期间被讨厌、被提出过高要求,被盖上失败者的印记或者被虐待后,其内心伤痛的形成和发展。在某种程度上,我们每个人都可能具有这些家长或儿童模式。有些人能与之共存,正常生活——因为它们只是偶尔出现,而且表征并不明显;而另一些人则会因其产生严重的情绪问题,人生一再受挫。

无论频繁与否,我们基本都曾有过处理这些复杂而糟糕的情绪问题的经历。心理学上称其为"应激"。每个人都有其各自的应激方式,并且这也与他们的童年经历有关。应激模式的强烈程度大部分取决于那些与儿童和家长模式关联情感的激烈程度。

**三大应激模型**

应激方式的模型原则上一共有三种,但它们常常互相重叠。所有面对困境的应激方式几乎都能总结为以下三种心理应激模型中的一种(或者几种的组合):

- **屈从**:自己的行为"服从于"机能不全家长模式。
- **回避**:躲避负面情绪和问题,以回避与它们不得不产生的正面交锋。

- **过度补偿**：以与机能不全家长模式的要求相反的方式行事；控制与掌控他人，凌驾于他人之上。

在之后的各个小节中，我们将分别详细讨论这三种不同的应激模式。不过首先，我们需在此概述一下它们之间的区别。

**屈从**：这里指当一个人的行为表现为从机能不全家长模式和儿童模式中所获得的信息好像都是完全真实的，而且似乎除了服从他们别无他法。具有明显屈从行为的人往往深陷于机能不全家长模式和儿童模式的情绪中，无法自拔。

### 案例分析

#### 案例一

安德烈娅（Andrea M.）具有重度苛求型家长模式。她总是规定自己事事要做到尽善尽美，为此她几乎日夜不停地在工作。一有表现不佳的时候，比如可能因为休息了一阵，她就会感到压力、有挫败感。在这个案例中，安德烈娅的行为完全屈从于苛求型家长模式所带来的情绪。

#### 案例二

安妮塔（Anita L.）童年时遭受过严重的性虐待。她的祖父和叔叔曾常年性侵她，并辱骂她是一文不值的荡妇。长大以后，年轻的安妮塔无法拒绝那些想和她发生性关系的男性并保护自己。她任由这些发生，因为她觉得自己不配得到更好的对待，也不指望获得其他的对待方式。在这种情况下，她的行为屈从于惩罚型家长模式。

> **案例三**
>
> 特奥(Theo F.)具有重度情感索求型家长模式。小的时候,他必须时刻照顾自己患有抑郁症的母亲。如今的特奥是一名社工。即使负担过重,他也会将自己全身心地奉献给那些需要照顾的人。他会倾听每个人说话,尽管他根本不喜欢这样。他还经常把额外的工作和任务带回家。他会因为伴侣不开心而竭尽全力,计划和她做一些美好的事情,用少得可怜的空闲时间来让她变得开心。他常常觉得,如果不去照顾别人的话,自己就谁也配不上,别人也会对他失去兴趣。特奥的这类行为完全屈从于自身来自情感索求型家长模式的想法。

**回避:** 人们摆脱家长和儿童模式带来的糟糕感受常常通过几种方式:或是寻求避免身处产生这些模式的情境中,或是借助如酒精或镇静剂之类的药品来抑制负面情绪。以回避作为应对策略指的是当事人有目的性地做某件事,来拒绝感受任何家长或儿童模式所带来的负面情绪。回避有很多种形式,包括逃避行为(比如拒绝社交或者不去工作)和物品使用(酒精、大麻等),或是通过做某件事来转移这些感觉,比如毫无节制地看电视和打电脑游戏。

## 案例分析

> **案例一**
>
> 保拉(Paula Z.)具有严重的惩罚型家长模式,她总是强调没有人

能忍受她,自己一点吸引力也没有。从小保拉就因为X型腿和青春痘被其他孩子取笑,父母也总是拿她和她漂亮的姐姐做比较。因此,她在与人交往的时候总是很害羞。她避开这类家长模式的方式是逃避社交,完全不在人群中出现(回避行为)。如果必须出门,比如和朋友见面或者参加聚会,她就会喝很多酒,尽管她并不爱喝酒。因为只有这样,她才能感觉不到那些负面情绪,获得一些放松(借助酒精逃避情绪)。

### 案例二

贝恩德(Bernd K.)在中学里时学习游刃有余。因为这个原因,加上家里严重的以成绩为导向的氛围,让他形成了重度苛求型家长模式。但在大学期间,他的成绩突然就"泯然于众人之间"。他和其他人一样都在努力克服"万事开头难"的适应问题,但总不能满足自己处于家长模式下提出的过分要求。随着时间的推移,他用在学习上的时间越来越少,大把时间都花在了玩《魔兽争霸》、上网冲浪和看电视上。所有这些行为方式都可以看作一种逃避。

### 案例三

卡特琳(Katrin D.)具有严重的情感索求型家长模式。她总是要求自己,必须随时为所有人服务、为他们提供帮助、给他们以支持。她经常过于频繁地帮助邻居处理各种日常生活中的杂事。这对她来说并没有什么。她的邻居因为感激而非常乐于和她攀谈,即使没什么事情要做,她也会一直"黏在"卡特琳身边,每天都和卡特琳闲聊几个小时。

卡特琳无法做到告诉邻居,其实她并没有那么多时间聊天。最近,卡特琳想出个主意:出门之前,她先透过猫眼观察邻居是否碰巧在楼梯间里。只有在没有人——"空气清新"的时候,她才敢出门。当然,也发生过她在楼梯间感觉邻居就在门边而立刻迅速回身进屋的情况。实际上,卡特琳应该早早就给邻居设定社交边界,拒绝她过分的要求。因为和自身的情感索求型家长模式相悖,做到这些对她来说很难,所以最终她选择了逃避的方式。

**过度补偿:** 指对缺失超过范围的弥补而导致的再度失衡。以过度补偿作为应对策略的人,行为上都尝试站在脆弱型儿童模式和机能不全家长模式的对立面。因此,一个内心卑微的人往往会强调自主权,甚至可能表现得很强势。或者,有些男性因为过于害怕被女性拒绝而表现得特别大男子主义。过度补偿在本质上可以体现在各种不同的层面。它们的共同之处在于,当事人都想通过这种方式获得控制权,掌控局面,而其他人很少有机会去反对他们。与应激模式中屈从和回避不同的是,采取过度补偿的人往往自我感觉良好。

## 案例分析

### 案例一

玛丽娜(Marina T.)童年时曾遭受过严重的家暴和性虐待。当别人不同意她的看法的时候,她会立刻觉得自己受到了严重的威胁,也会感到非常无助。

于是她以一种极具攻击性的姿态来寻求平衡。一旦自己不占上风，她就会大喊大叫，试图以此故意恐吓别人，有时私下里甚至会动手。

**案例二**

霍尔格（Holger F.）是一家大型家族企业的富二代，身材矮胖，没什么吸引力。最近几年，因为家族企业申请破产，霍格勒也失去了往日的奢华生活。在内心深处，他总是因为自己的外形和魅力不足而在家族成员中抬不起头来。这种自卑感在他失去家产以后变得越发强烈。为了补偿自己这种自卑的心态，他总是表现出超强的自信和大男子主义。局外人其实马上就会对他产生一个直观的印象：正是因为太弱小，他才需要一个"坚硬的外壳"做装饰。

**案例三**

龙尼（Ronnie K.）来自工人家庭。虽然他聪明又有天赋，但因为缺少父母的经济支持，他始终没有机会参加高考，也没有上过大学。他利用闲暇时间广泛阅读各个领域的书籍，获取了各种知识。龙尼后来和一位教师结婚了。每当她的同事拜访他们的时候，他总因为自己的学历而感到自卑。因此，他常常会进行一些冗长又过于细节的讲座来向"学生们"（就像他轻蔑地称呼他们）展示他在做什么。这种行为常常让他的妻子很不舒服。

必须注意的是，原则上来说，有能力去应对那些负面情绪本身是件很好且重要的事情。它常能让我们更好地接受这些感受,并撑过那些艰难的困境。有时候,我们甚至推荐情绪回避策略,比如在己方明显处于劣势、无法维护自身利益的冲突时。再以一个场景为例。你有一个倔强的邻居,长期和你闹矛盾,总是趁你不在的时候在洗衣房乱晾你的衣服:那么因为无法和他正常沟通,而且对你来说他也并不重要,为了避免争吵和生气,你可以把洗好的衣服晾在自家的阳台上,或者忽视那些被乱晾的衣服,以及避免和他对话。

应激模式产生问题往往是因为满足这个模式的需求使自己的状况变得更差。比如在上例中,如果你不仅是回避和这位倔强的邻居对话和联系以避免矛盾,而是完全回避和任何人的联系,哪怕是那些最近和你还在联系的重要人物,比如伴侣或者好朋友,那么在这种情况下,回避的应对方式固然能基本为你驱散所感受到的负面情绪,但它也损害了那些对你来说很重要的长期社交关系。

也许通过以上这些例子,你对自己倾向于哪个应激机制已经有所感觉。人在不同的情况下采用不同的应激机制也是完全正常的。比如当一个具有重度苛求型家长模式的人尝试处理许多工作的时候,他可能会先把它们都承接下来(屈从)。当工作越来越多的时候,他可能会转向回避模式,把它们一下子都堆积起来。而当压力更大时,他就会采取过度补偿的方式,别人会因为一个小问题就遭到他的抨击责骂。

就像其他的问题模式一样,应激模式也会产生很多种形式。通常情况下,应激模式的出现是为了帮助当事人在困境中"存活"下来。幼年或者青少年时期的某种应对方式可能是保护自己免受困境、拒绝和威胁的最佳方式。只有到了晚年的时候,它的功能才会日渐消失。另一方面,人们也是通过"榜样学习"来学习如何应对。这里指的是,人在孩提时就会观察其他人是采取何种应对方式来处理某种特定情绪的。比如一个孩子会去观察和学习母亲在遭受父亲威胁的时候总是服从于父亲(屈从型应激模式),而不是对他设置正常的安全界限。

实际上,通常人们的应对方式也会互相结合。比如,当一个孩子感受到父亲的威胁,并观察到母亲只是一味顺从的时候,他会因为母亲并未给予应有的保护而更加缺乏安全感,从而自己也逐渐习惯于以屈从作为应对方式。

## 第一节 屈从

人在处于屈从模式的状态时会接受粗暴对待。他们会违背自己的意愿,因为别人的要求和愿望去做那些他们"本质上"有权利去拒绝接受的事情。即使与自己的意愿相悖,他们在私下交往、性关系或者其他社交关系中依然会根据别人的意愿行事。或者,他们会彻底改变自己以满足在家长模式中给自己所提出的要求。

在任何情况下,当事人都能清晰地感觉到这些屈从行为并未给自己带来快乐,对此也并不满意。有些时候,特别是发生非自愿或主动的性关系时,他们也会使用回避的应对策略回应对方,比如在发生性关系的时候喝很多酒。这样,他们就不会产生过于强烈的无助感和无力感了。

请仔细回想一下,在人生中的哪个阶段,你是违背了自己的意愿(即使客观看来,你不是非得这么做)而屈从于家长模式和儿童模式下的要求和感受?是什么促使你那么做?当你想更好地远离这些的时候,又是什么让你害怕畏缩了？你知道这些害怕从何而来吗？它们是在什么时候，又为何在你生活中逐步发展成现在这样的？

常常与屈从模式相关的另一种模式在临床心理学和心理治疗学中被称为精神依赖（或依赖行为）。它指那类完全依赖于他人，包括对自己的生活几乎不承担任何责任，总是需要他人为自己做决定，或从他人身上才能获得安全感的群体。由于依赖模式总是伴有严重的屈从行为，因此我们将在本节中将它们放在一起来讨论。方框内是对这个概念的一些说明。

### 精神依赖

精神依赖指人在心理上对他人产生依赖的现象。处于依赖关系中的一方对另一方非常顺从。在极端情况下，这类人几乎不做任何独立的决定，而是把决定权留给另一方。他们最典型的感受就是觉得自己没有能力独自生活——为了摆脱这一可能性，他们也会愿意去做一些自己原本并不认同的事情。

精神依赖首先最常出现在伴侣关系中。其次，也有些人往往是因为频繁求助于他人（例如医生、心理治疗师、各类"牧师"等）决定他们的生活而日渐趋向精神依赖。除此之外，依赖也会发生在其他的私人关系中，对象一般是自己的亲属（比如母亲或姐妹）。以下是精神依赖的几大主要特征（根据弗里德里希等，1997）：

——在对生活中的日常事务做决定前，往往总是想得到他人的意见和确认。

——总是依赖于他人来决定人生中重大事件的规划,比如财政事务、儿童教育或日常生活安排。

——尽管认为对方是错误的,但是他们都很难做到驳斥对方。

——没有别人的帮助就很难开始工作或做某项任务。

——常常自愿承接一些令人不愉快的任务,以留住别人对其的关注和照顾。

——独自一人的时候总是不开心。

——在结束一段亲密关系后,需要迅速找到另外一个人来作为依靠。

——经常觉得自己会落单,没有人来照顾自己。

乍一看,这些行为模式有很多缺点,且"成本很高",因为维护自己的利益对当事人来说非常困难。不过,精神依赖行为也并非毫无优点。当事人可以用回避做决定的方式来避免承担责任。如果一个决定引发了出乎意料的负面效果,或让别人不舒服,这个时候,他们不会因此产生负罪感。而当一个人真的什么都不管或不对任何事物负责的时候,他也就免于遭到批评了。

另一方面,有依赖行为的人可以通过这种方式将他人和自己捆绑在一起。这些顺从和服从的态度也向他人传达了"我不能被丢下,没有你们,我在这世界上只能无助地任人摆布"的信息。即使他们的许多需求都被忽视了,但这至少满足了他们有关捆绑和归属感的重要需求。

然而,这样一种通过依赖行为长期将另一方约束在一段关系里的模式从长远来看往往并不成功。如果一段关系出现问题,依赖行为或许能暂时将问题掩盖。但是,如果将许多事情的责任都片面地放在其中一方身上,且需求和界限都无法开诚布公地交流,这对维持一段长期的关系并无好处。

如果你倾向于以依赖的关系模式同别人相处,那么"承认"以上这些并客观地看待它们可能会很有难度且让你感觉不太舒服。但如果你想有所改变,那么现实一点看待依赖行为就显得尤为重要了。一方面,做出改变本身就非常有意义——特别是塑造生活的格局会变得更大;另一方面则是因为变化虽然有时辛苦,但长期来看是有回报的。因此,你应该设法去了解你真正需要和不再需要的到底是什么。

**如何识别自身的屈从型应激模式?**

以下几点会帮助你对屈从的程度有个大概的印象:

- 我尽我所能来取悦别人,避免冲突、争论和反驳。
- 我会依靠为和我在一起的人做改变让他们喜欢我、认同我。
- 我允许别人批评和贬低我。
- 我让别人表达他们的愿望而不是表达我自己的需求。

辨识屈从模式往往在于观察你是否总在做一些违背你意愿的且不是非得由你来做的事情。完成报税应该是一件没什么人会喜欢做的事情,但它肯定不属于本书所述的屈从模式的范畴,而是一项必要的、即使勉强也得完成的义务。然而,当那些在伴侣关系中、在组织生活中或孩子的幼儿园里本应分摊给大家的任务,如今都落在你一个人的肩膀上时,你就得仔细斟酌一下,这些情况中是否有屈从模式在作祟。不过,这也得考虑到大多数人其实都高估了自己的存在和贡献价值(→社会关系中的平衡)。除了以上这些,屈从模式也可能发生在你没有阻止伴侣和你发生你不想要的性行为,或者是你明明想要去徒步,却顺从伴侣的意愿去看电影。

为了做出决定,你还可以设想一下,如果你拒绝承担一些工作或是少顺从一些伴侣的意愿,而是把自己的意愿表达出来的话,你会有什么感受?屈从模式在这里的一个表现方式就是,当你做出以上假设的时候,相较于"就这样做吧",你会产生更多且强烈的恐惧感(脆弱型儿童模式!),或是深深的负疚感(机能不全家长模式!)。

判断屈从模式的另外一个重要方法,是辨别这些消极情绪和负疚感在现实场景中是否合理。这里关于"现实场景"的判断指的是易地而处。例如,你的朋友表现得太过顺从以至于你会建议她或他"不该这样,应该去拒绝",这个时候,你会怎么想?如果你对于自己的拒绝行为会产生负面情绪,而对朋友的拒绝却觉得理所当然——"他当然也得拒绝一次啊",那么这也指向你具有屈从模式。因为,我们的机能不全家长模式和儿童模式都是在有关自身行为上作用最为强烈和有效,而在涉及和考虑他人,特别是在我们喜爱的人身上时会薄弱很多,甚至根本不存在。

## 案例分析

### 他们到底屈从了吗?

#### 案例一

埃尔克(Elke H.)是三个孩子的母亲,平时兼职工作。她的男友除了周内上班外,有时晚上和周末也得加班。埃尔克觉得自己忙得像陀螺一样围着所有事情打转:生病的孩子们需要照顾,学校作业需要辅导,还有接送孩子们去运动……总是有这样那样的事情。埃尔克已经找了一个保姆,每周两次帮她打扫和整理房间,但需要她做的事情依旧堆积如山。

上述情况是否属于屈从型应激模式呢?并不算是。事实上,埃尔克已经雇了一个保姆。这就说明,她是可以把事务交给别人去做,而不是总认为自己必须负责包揽一切的。此外,养育三个孩子的同时还要工作本身就是很沉重的负担,有不断出现的新任务和需要完成的工作,忙碌一些也实属正常。要判断上述情况是否具有屈从型应激模式,我们需要再参考一些其他的"全能妈妈"。

### 案例二

卡佳(Katja M.)有个现年11岁的孩子,工作也是兼职。和其他的在职妈妈一样,她每天都有许多事要忙。而且,她发现自己不知为何似乎总有吸引额外任务的魔力。在孩子上幼儿园和小学期间,她是家长委员会的成员。尽管她真的不喜欢这个工作,也决定在孩子上中学以后不再继续担任下去,但在一直未能找到合适的接替者,以及在熟人突然来访并劝说她之后,她还是无法忍受内心的压力和日渐增强的责任感和负疚感,最终被说服了。除此之外,她还要帮母亲做很多家务和日常购物——对比之下,她那个没有孩子的姐姐其实住得离母亲更近些。姐姐的职业是小学老师,也比卡佳有更多的闲暇时间。卡佳常常因此不高兴,但她却从来没有跟母亲提起过。

卡佳是否有屈从倾向呢？基本是的。尽管不喜欢，但是她都在一味地接受比别人更多的任务和责任。不给自己设置底线的原因就是她总会产生那些别人在同样情况下明显感觉不到的负罪感和责任感。

**案例三**

纳丁（Nadine P.）有个暴力又酗酒的父亲，在她小时候常对她拳打脚踢。她现在的伴侣也是酗酒又暴力，并曾经因为对他人造成严重的人身伤害进过监狱。如果他向纳丁提什么要求的话，她会吓得立刻"跳起来"。纳丁常常讨厌和他发生性关系，但每次都会因为害怕他诉诸暴力而屈服。

纳丁是否倾向于屈从呢？绝对是！但是，认识到此例中重要的一点是，纳丁本身就处在一种危险的伴侣关系中。如果要寻求改变，告诉伴侣自己的想法和愿望在此例中是不合适的（太危险了）——也许只会引发对方更强烈的暴力行为。相反，如果纳丁真的要改变自己的现状，那她就必须懂得自我保护，例如设法逃去保护妇女协会求援。

**如何识别他人的屈从应激模式？**

亲密关系中的屈从模式，体现在比如你总是感觉对方能读出"你眼中所有的愿望"。这在短期内当然是非常甜蜜的。从长远来看，对方一味地顺从也是有些恼人。因为也许你会更愿意了解对方自身想要的是什么，而不是一直在接受他殷勤的"服务"。但这对处于屈从模式下的人来说就比较困难了，因为他们似乎无时无刻不在以对方可能喜欢的事物为自己的导向行事。

如果跳出与自己相关,旁观他人关系中的屈从模式,你通常会感到这人完全就是别人的"提线木偶"。甚至有时候连你也会生气到自问:"为什么他什么事情都愿意做?为什么他要忍受这一切?这完全就没必要!"而只有当你更深入地了解这个人和他背后的故事,才可能会更好地回答这些问题。

有严重屈从倾向的人往往会与那些对这样的从属关系感到舒服的人交往。不仅如此,这个社会也习惯了有些人的存在,他们似乎总喜欢处理各种令人不愉快的事情。

如果事情长此以往都如此安排的话,那么在当事人试图减少服从的时候,其他人也许真的会被激怒。也就是说,对批评、驳斥或者拒绝的恐惧至少在一开始就是真实存在的。一个人在决定减少服从时,最重要的是清楚地意识到,有时候,人必须打破这样的恶性循环(服从→周围人的要求在提高→进一步服从等)。

## 第二节 回避

主要功能(或目的)为逃避"难题"的行为方式在应激行为模式中被归为回避模式。这里的"难题"可泛指为绩效要求、矛盾纠纷、与特定某个人的接触或是常规的社交沟通,也可指自身的负面情绪和消极想法。

人们可以采取的回避方式的范围很广。从狭义理解,包括不做某件事,避免置身于某个情境下,或回避谈及某个话题等。此外,过度沉迷于其他事物以分散注意力也是回避的一个特征。比如有些人会连续不断地看电视、玩游戏和上网,尽管他原本有别的事情要忙。这些分散注意力的事物有时具有强烈的刺激性。另一种用以回避的方式是服用药物,特别是酗酒或服用苯二氮䓬类的镇静剂(如烦宁、地西泮、劳拉西泮等安定片)。另外有些人则倾向于不断谩骂和抱怨一切事物。人们不一定能从中觉察到他们有多大的痛苦——他们自己似乎也已经习惯了不断唠叨,对此不再会有什么感觉。这些行为模式都可被视作回避的一种。在下述方框中,你能了解到更多与回避相关的行为模式的例子。

---

**典型的回避行为:**

**回避的狭义理解:** 不去某个地方或不见某个人,不去执行某个任务。

**分散注意力:** 沉迷于玩电脑游戏、上网、看电影、听嘈杂的音乐、超负荷工作、运动过量。

**自我刺激:** 饮食、参与危险运动项目、参与其他刺激性高易令人兴奋的事情。

**知觉抑制:** 借酒精等以逃避不愉快的情绪。

**抱怨和咒骂:** 千篇一律、一成不变的咒骂,哀怨、挑剔或抱怨所有事情。重要的是,抱怨的人本身并非真的痛苦或愤怒,而只是习惯了抱怨。

**放弃自我期待:** 回避的另一种形式是因为害怕达不到而不给自己设定任何目标,或者直接反复自我暗示说自己没有能力,以逃避不得不做的尝试。

## 案例分析

### 案例一

迪尔克(Dirk B.)是名企业管理系的学生。由于在中学时因为自己矮胖的形象被同班同学狠狠地欺负过而患有严重的社交恐惧症。如今的大学生活也让他感到很艰难,因为这总让他回忆起中学时期的不幸遭遇。尽管他现在已经成功减肥,体重差不多和正常水平一样,但这无法消除他的自卑感。

迪尔克倾向于用回避来应对。因为害怕考试,他不断地注销各门课的期末考。上课的时候靠边坐,下课以后立刻离开,他以这些方式来躲避和同学们的交流沟通。如果被同学邀请去参加聚会,大多数情况下他都会说"好",但最终不会去,而是整晚看电视,打网络游戏。

### 案例二

玛丽亚(Maria P.)特别害怕人群。她的父亲不仅酗酒,还总是殴打她和她的母亲。因此,玛丽亚总感觉自己很容易受到别人的威胁,即使客观来看那根本就没什么目的性。如今,她在一家玩具精品店里当售货员。有些顾客的要求很高,让玛丽亚倍感压力,总觉得自己无法取悦他们。几年前,她发现酒精能在很大程度上消除她的恐惧。因此,她总是随身带酒,最常带的是葡萄酒,起码会带上瓶香槟。每天早上250毫升的酒精可以很好地为她驱散情绪上的"负担"。她预感自己会有跟父亲一样的酗酒的问题。不过大多数时候,她觉得还是能很好地控制住自己。

> **案例三**
>
> 莱奥妮（Leonie S.）14岁的时候，一不开心就不断地吃东西。中学时期，在那些为情所困或压力大的午后，总是有一块巧克力或一袋小熊糖伴其左右。莱奥妮知道这不是什么好事，但靠甜食来缓解情绪已经成了她不由自主的行为。只有吃东西才能让她感觉更好些，至少让负面情绪不至于那么强烈。

**如何识别自身的回避型应激模式？**

以下我们对回避心态也做了一些描述，你可以据此评估一下这个模式在你身上是否表现明显。

- 我感到与世隔绝（和我自己、我的感受或是其他人断联）。
- 我不想和别人扯上关系。
- 我经常工作或做剧烈运动，这样就不必去思考那些不愉快的事情了。
- 我喜欢做一些令人兴奋或是令人镇静的事情（比如吃东西、性、外出、看电视或购物），这样就能躲避某种情绪了。

要承认自身具有回避的行为方式就必须对自身的行为模式做一个自我批评式的反省。因为我们其实比别人更清楚，而且完全明白，沉迷于打游戏、暴饮暴食，以及回避对我们正向前走的人生都毫无帮助。

除此之外，回避型应激方式其实很好辨识。它一方面体现在当你只是不去做某些原本是好的且必要的事情上。另一方面，它也体现在当你任由某些重要的事情在那儿放着，反而分心忙于一些无关紧要的事情的时候。如果你一直保留着某些自己原本并不喜欢的行为习惯，比如吃了太多零食、在社交场合喝很多酒等,那么请检查一下,这些习惯也许是回避的一种表现方式。可能是因为感到害怕和不安全,你才会把酒瓶一直握在手里?可能是因为对生活不满意或感到空虚,不知道自己该怎么办,你才会一直不停地吃零食?食物是否能让你感到平静和安慰,分散了你对负面情绪的注意力?这也许就是回避模式的一种迹象。

**如何识别他人的回避型应激方式?**

他人的回避型方式往往也很易辨识。如果在你的印象中有个人经常会推脱压力较大的事情;有个人答应了参加社交活动却总是爽约;有个人总是迟到,并因此不用冒险参与制定某些任务和讨论会;有个人一再放弃注册考试,毕业时间遥遥无期——在上述所有的问题情境中,回避型应激模式都起到了很大的作用。

当你更加了解一个人的时候,可能也会更准确地了解他身上的回避模式是什么样的。比如你的朋友又一次没来参加聚会,而是把时间都花在了电脑前;或是你知道你的熟人可能一出现在聚会上就会立马开始喝酒来对抗焦虑。

请再仔细想想前几周你身边人的表现,哪些回避模式吸引了你的注意?你可运用方框内的"典型的回避行为"模板来对照比较。你会惊奇地发现,逃避心态无处不在。

**互动中的回避行为**

正如本书中的其他模式一样,回避行为常常也会成为恶性循环中的一环,从长远来看,对当事人有严重的伤害性。一方面,它的频繁出现会引起他人的怒火;另一方面,它也会导致当事人无法完成职场上或个人生活中设定的目标。除此之外,那些凡事都在逃避的人往往比其他人更难构建一个令自己满意的个人生活。

回避的根本原因往往是逃避面对被拒绝、被威胁或缺乏归属感之类的情绪。如果一个人常年处于严重的回避模式中,那他在现实中将不会再有好朋友或良好的社交关系,也不太会被赏识和珍惜。也就是说,这个毫无益处的应激模式最终只是增强了那些原本就必须要应对的负面情绪。

**案例分析**

迪尔克(Dirk B.)如今大学第三个学期在读。大学刚开始的时候,因为他总是躲避人群,所以认识的人比其他大多数同学都要少。他常常觉得其他人都互相认识,而自己和他们格格不入。这种感觉很糟糕,从而让他对社交躲避得更厉害。

相似的情况也发生在他学习中的测试、学期论文和期末考试方面。大多数其他人似乎都或多或少地安排好了各种考试时间。相比之下,他的考试和其他未完成的必修积分都已堆积如山。这使得他一方面觉得负担过重,压力越来越大;另一方面又感到很羞愧,觉得自己在同学中低人一等。而这些问题导致他陷入了更严重的回避模式。迪尔克苦思冥想无法自我排解,最近连睡眠也越来越差了——这些已经是抑郁症的初级症状。

## 第三节　过度补偿

过度补偿指的是人的行为表现似乎正好与在家长模式和儿童模式

中获得的感受和信息完全相反。这就好比有的人尽管毫无安全感,却特别强调自己很自信;有的人因为要面对被支配的恐惧感和无力感而表现得固执己见,对待他人非常强势。这些有时也涉及"反恐惧"行为。这就是说,在某种程度上,有的人常常把自己推入那些令他们感到特别有压力的境地中,做出那些原本让自己为难的行为。

过度补偿往往让他人感到当事人特别强势,时有攻击性和控制欲,或者自诩自夸。以下方框中列举了部分常见的过度补偿形式。

> **常见的过度补偿形式:**
>
> **自恋般的傲慢:** 指一个人将自己吹嘘得很伟大。抬高自己、贬低别人,并表现或表达出自己比其他任何人都更聪明、更成功或以其他方式表现自己更优秀。这些行为也被认为是自诩自夸或傲慢。
>
> **偏执的控制欲:** 有偏执控制欲的人往往很多疑,总认为他们必须时刻准备着抵御攻击或防止欺诈。他们责备他人、控制他人,并时刻探查针对他们的阴谋并予以控诉。
>
> **强制控制(对他人的强迫症):** 有些人内心极度缺乏安全感,却在过度补偿的心态下对其他人指手画脚,并仔细地检查别人是否正确地完成了每一件事。在旁观者看来,这都显得倔强又固执。
>
> **求关注的行为:** 求得关注、寻求注意力是发生在女性身上特别典型的行为。过去也常以"歇斯底里"来形容。指长期霸占舞台的中央,让自己永远成为众人瞩目的焦点,无法忍受失去任何关注。

**攻击性：**过度补偿也会以颇具攻击性的行为方式表现出来,特别是发生在那些感觉自己受到了威胁,或身体上曾经遭受过多次暴力和危险的人身上。常见为诉诸有计划性和目的性的暴力伤害或语言上的恐吓,以达到威慑他人并取得控制权的目的。

**欺骗或阴谋：**在一个毫无安全感的环境中长大的人,往往早已学会如何有目的性地撒谎或操控别人以维护自己的利益。

## 案例分析

### 案例一：自恋

马库斯（Markus L.）是一家心理诊所的副主任医师。他的团队常常感受到来自他的压力,因为他总是当着全组人员羞辱性地批评同事。此外,他对自己卓越的工作能力有着百分百的自信：当某个不太熟悉的患者治疗效果不佳的时候,他就会对那个了解患者的治疗师做出夸张的手势来指导他,但病人的治疗师却常常觉得很荒谬。然而,完全没有人能反驳他,因为他每次都会以侮辱性的批评予以回击。他的团队都在背后称他为"主神大人"。

### 案例二：强制控制

雷吉娜（Regina P.）目前大学第七学期在读,必须经常和同学们一起准备专题报告。在和其他同学的合作中,她总是感到压力很大,从而变得有些强迫症。这表现为她把所有的掌控权都握在自己手里,对那些交给同学去做的任务要求非常严格,思想也很狭隘。比

> 如她几乎无法容忍有的文字行距与她想要的不同,或者不是所有的表格都格式化居中。在和大家召开的讨论会中,她说得很多,几乎不让人打断她。当有同学开玩笑般建议她稍微放松一些的时候,一切只是变得更糟。她说得更快,更不愿意听取和允许别人提建议。最终,她几乎是一个人在做专题报告,而且不断地失去同学们对她的好感。
>
> **案例三:攻击性**
>
> 卡洛琳(Caroline S.)童年时曾遭受过家暴和很严重的性侵。少女时期的情况则更加糟糕:她贩过毒,有时流落街头,还以卖淫为生。她是个"难缠的"人,说话咋咋呼呼又咄咄逼人,而且不达目的誓不罢休。如果有谁对她提出批评性的问题和想法,也许最多只能被理解为对她或她朋友的评价,卡洛琳都会立刻回击。她辱骂和责备对方时声音大、语速快,还会让大家知道,如果对方不立即收回提出的问题和说过的话,她就准备把人狠揍一顿。

**如何识别自身的过度补偿?**

以下描述是过度补偿几种不同的层次:

- 我做事都是为了成为众人目光的焦点。
- 如果别人做事达不到我的预期,我很容易被惹毛。
- "事事第一名"(无论是最受欢迎的,最成功的,最富有的,还是最强大的)对我来说很重要。
- 我通过向他人显示我不容小觑来获得大家的尊重。

识别自身的过度补偿通常并不容易。与其他几乎所有的模式(健康成人模式和幸福型儿童模式除外）都不同的是，惯于过度补偿来应对事物的人通常在整个过程中自我感觉都不差，有时候甚至感觉出奇的好。他们会感到自己比别人更聪明，或是自己似乎掌控了全局。这也正是过度补偿在此起到的作用！

不过，也有许多当事人提到，当他们静下心来倾听内心的时候，过度补偿带来的感受也并不总是美好的。这种状态就好像人常常与本我"接触不良"。这意味着，他们感受不到他们内心真正的需求和意愿，也没感觉到放松，拥有内心的平静。他们时常模模糊糊地感觉他们现在的状态并非自己真正喜欢的。有时候他们感觉自己唠叨太多，吹嘘太过——但是，他们又无从知道如何阻止这种状态的出现。

和所有其他应激模式一样，过度补偿的典型特征是压力和紧张会加剧它的强度。你不妨猜测下，如果你像许多人一样偶尔使用过度补偿的方法，你的内心是不是会陷入一种典型的焦灼状态？请回想一下你的感受和过程当中你的反应模式，其中是不是有过度补偿的模式在起作用？

一种明显指向你有过度补偿倾向的迹象就是，你频繁地从其他人那里得到相关的反馈。如果你一再被指责为自私、过于强势、专横或过于大声喧哗，你就得自我检讨，这是否与过度补偿有关。让自己再置身于受到谴责的那个情境中，感受一下当时的情绪，是否可能有一种脆弱感隐藏在强势或咄咄逼人的外表之下。如果你知道自己曾因这类事情被斥责过，但无论如何又想不起具体的情况，不如直接问你的一个好朋友，让他给你举个例子。

**如何识别他人的过度补偿？**

识别他人的过度补偿模式通常来说比识别自身的容易许多。在外人看来，过度补偿的人很咋呼，有时很虚伪，喜欢炫耀自己或有很强的控制欲。作为互动的参与者或者对话的另一方，人们常常感到自己要么被挤到了角落，要么就是被对方控制，甚至被威胁。而与自恋型过度补偿的人相处，人们尤其会感受到自己被对方贬低，而对方太过自我膨胀。

在大多数情况下，经历他人过度补偿模式的经历往往并不愉快，也不会对他们产生同情。因为那些人都表现得过于强大和强势，以致人们通常很难和这些熟人或者伴侣商讨这些问题。人们通常会过于焦虑和担心这些人在过度补偿模式下想要"清扫一切障碍"。因为当一个人处于过度补偿中时，他可能会同样以过度补偿的方式回击那些批评建议，这会让他变得更专横、有控制欲，反应更有攻击性。

与其他大多数机能不全模式一样的恶性循环就在此显现出来了。人们产生过度补偿通常是为了减少孤独、无助或受到威胁等经历的感受。然而，通过过度补偿中的对他人的控制、威胁，给他人设限，他们反而无法取得他人的同情，以致对方要么对他们日渐疏离，要么双方产生冲突。最终，过度补偿反而夯实了它最深层的原始问题。当事人仍然具有强烈的孤独感，常常感到自己没有真正获得过爱。

### 案例分析

尤利娅（Julia P.）近几个月有了个新男友。两人的父母在他们童年时都对他们疏于管教。尤利娅的父母总是给她提各种要求，却从来不关心她过得怎么样。与之相反，她的男友在童年时曾遭到父母的毒打。因此，他几乎无法忍受有人对他冷漠或蔑视他。尤利娅和男友谈论过很多关于过往的经历并互为彼此最大的支柱。有一天,尤利娅心事重重地从培训班回到家中。

她男友并未注意到她的状态很糟。他告诉她,今天要和兄弟们一起举行"足球之夜"。尤利娅很生气,觉得自己不被理解,甚至感到被男友背叛了(脆弱型儿童模式),但她并不想告诉男友她的感受,而是冷冰冰地对他说:"那你就滚出去吧,今天晚上我不想见到你。"(攻击性的应激模式)。她的男友因此很受伤,也不理解为什么尤利娅在了解他的过去的情况下依然这么跟他说话。

## 第五章
## 健康成人模式

健康成人模式在某种程度上可以说是对心理活动具有颇为还原且合理理解的高级阶段。这种模式的特征在深度心理学中也被称为"健康的自我调节功能"。这意味着在健康成人模式中,人能对所处的情境和社交关系有恰当的评估,也不会产生过激的情绪。例如,一个小小的拒绝不会让你出离愤怒,因为你知道它并不"意味着整个世界";你既能忍受和回避冲突,也能与之正面交锋——而且你明白,有时候人必须收敛自己以和他人达成一致。从本质来看,你能在自身利益和他人的需求之间找到平衡。因为你能在这种模式中战胜过激的负面情绪,所以也不用费力回避它们,或者产生过度补偿——这也意味着在这种模式下,你通常可以很好地感知到哪些情绪会在某个特定情境下被触发,以及你当下的感受是什么。总而言之,在这种模式下你会感觉自己(相对来说)已经成年,拥有成年人的兴趣,能顺利跟进任务、完成工作,并适度娱乐。当然,以上所有这些都是"泛泛而言"——毕竟,人无完人!

也许你已经注意到,健康成人模式和幸福型儿童模式有某些共同之处。它们最根本的共同点是处在这两个模式下的人基本上是心理健康的。不同之处在于,幸福型儿童模式的人主要拥有轻松、玩乐、孩子般的童真,而具有健康成人模式的人群则更偏向于既享有成年人的娱乐生活,又兼顾责任与义务。

> **健康成人模式的特征:**
> - "健康的自我调节功能"。
> - 对各种情况、冲突、社交关系等能有现实合理的评估。
> - 在小问题上能抑制负面情绪。
> - 能感受到当下的情绪。
> - 能洞察到自己和他人的利益,并能从中找到平衡点。
> - 能承担义务,尽职尽责。
> - 问题出现时能寻求有建设性的解决办法。
> - 拥有成年人的娱乐活动和兴趣。

总而言之,事实一再表明,在大多数情况下,具有高度幸福型儿童模式的人也拥有高度健康成人模式,反之亦然。而那些具有严重的机能不全型儿童或家长模式的人则较难发展出健康成人模式来。同样的,与只有轻度健康成人模式的人相比,具有高度健康成人模式的人的心理问题通常较少。

培养出高度健康成人模式最重要的前提条件就是在幼年及青少年时期满足他们最重要的那些情感基本需求(参见第二章)。当我们从小被教导我们是可爱的,有权满足自己的需求;我们可以自由表达自己的感受,且不会因此受到嘲笑或惩罚;我们可以独立自主,但也知道与人之间的界限——这些都为健康成人模式奠定了良好的基础。不幸的是,这个规律反之同样适用——那些不曾获得过以上所有经历的人会很难构建出一个高度健康成人模式。

## 案例分析

### 安妮的例子

诸位已经在本书的幸福型儿童模式部分(参见第二章第三节)了解到安妮(Anne R.)的故事——她和丈夫都是双职工,共同养育三个孩子。为此她不仅需要幸福型儿童模式来寻求情绪上的平衡,也必须具有高度的健康成人模式。她能因此设置事情的优先顺序,因为并不是每个问题都会让她"脱离生活轨道";她可以迁就家庭,但也会在必要时表达自己需要休息或放松的意愿。此外,归功于健康成人模式,足够的自律让她一直保持有规律的运动——这也为她拥有良好稳定的心理做出了重要的贡献。

### 罗斯玛丽的例子

依然是第二章中那个偏爱孩子的罗斯玛丽的例子(参见第二章第三节)。多年以来,她投注了许多心血和热情在她的工作上,甚至常年将自己过度地投身其中(情感索求型家长模式)。然而,得了腰椎间盘突出以后,她觉得最好先把自己照顾好,而不是像以前一样,将所有的精力都放在照顾别人身上。在此期间,她也注意到应该先给自己制订一个放松的计划。她开始去散步,每周都去蒸桑拿。此外,她还限制自己和两位多年来一直让她充满压力的朋友保持一定的交往距离。因为她们总是在寻求她的支持和帮助,而在罗斯玛丽真正需要她们的时候,她们却从未在她身边。

**如何识别自身的健康成人模式？**

具有健康成人模式的人总体感觉良好。这并不意味着他们完全没有负担，但他们都能自我缓解日常生活中的压力。重要的是，在健康成人模式中，人们能和自己保持沟通。也就是说，你能感受到自己的情绪，你能觉察到自己当下的诉求以及你当下真正需要的是什么。总体而言，你能很好地接触到自己的内心世界。在健康成人模式中，你的内心并不（或者只有少许）紧张，你也并不需要回避或者牺牲自己来解决问题或者终止冲突。以下是关于健康成人模式的几点描述：

- 我知道什么时候应该表达出我的感受，什么时候不应该。
- 我能在不被情绪左右的情况下理智地解决问题。
- 我觉得我的生活很稳定，也很安全。
- 当我感到自己受到了不公正的指责，被虐待或被利用时，我能为自己据理力争。
- 我能与人建立满足我需求的人际关系。

推动和加强健康成人模式对很多人来说都是一个重要且极具意义的目标。你不妨细想一下你是在什么时候，又是如何轻易地进入这个模式中的——这能帮助你持续不断地发展和巩固这个模式。

- 我一般在哪些活动中，在什么情况下处于健康成人模式？
- 同哪类特定的人交往，我更容易进入健康成人模式？
- 我该如何描述属于健康成人模式的"基本感受"和情绪？

如前文一样，这里没有所谓二极化的"全有或全无"，而是在探究哪些因素从根本上支撑起了你的健康成人模式。没有人总是处于绝对健康的成人模式中,这是个狂妄且不切实际的设想和目标!

**如何识别他人的健康成人模式?**

一个具备健康成人模式的人能从现实出发,妥善应对眼前的各种情况。你能感受到,这类人晓事分明透彻,既不会因太过自责(惩罚型家长模式)或感情太过脆弱(脆弱型儿童模式)而歪曲事实,也不会因为要逃避情绪(回避型应激模式)而与世隔绝。

你能感受到,在谈及争议点和矛盾的时候,对方不会因为误解而恼怒,也不会有敏感的过激反应,或是可能直接拒绝或忽视你传递的信息——出于回避心理。

与具有健康成人模式的人沟通的状态同与具有幸福型儿童模式的人沟通相似:在沟通时,具有其他模式(机能不全儿童及家长模式)的人常能勾起对方的负面情绪,为社交关系增添负担,但与具有健康成人模式的人沟通的效果则截然不同。它能促成一段良好而富有弹性的关系,或是一场与他人互相配合且成功的合作。即使有矛盾冲突,也不会导致全员"崩溃"。具有高度健康成人模式的人不仅心理问题较少,也更受欢迎。他们比健康成人模式较弱的人更容易结交朋友或维持一段关系。这些对自主(社交)生活有利的优秀技能自然会反过来继续强化健康成人模式,因而形成一个正面的回馈和良性循环。

**如何区分健康成人模式和其他模式?**

或许你已在阅读本书的过程中发现,将各种模式清晰地区分开来并非易事。在健康成人模式中有类似尽职尽责的部分——那么,这与一心只求履行职责的表现的苛求型家长模式有什么区别呢?又如,拥有健康成人模式的人能够表达他们的愤怒——那么,这又与同样表露出愤怒情绪的愤怒型儿童模式有什么区别呢？或者在回避情感方面，它又和回避型应激模式相似；毕竟在有些情况下，例如在大庭广众之下受到了不公正的谴责和侮辱的时候，远离某些感觉也是健康且重要的。

这些问题都很关键，我们有时可能无法绝对地判定当前活跃着的是哪种模式，尤其在出现几种模式同时并存的时候。比如尽管我理智上完全明白别人是喜欢我的，拒绝我也并不会令他们开心（健康成人模式），但我依然会感到受伤和被抛弃（脆弱型儿童模式）。

然而，我们还是有一条重要的"经验法则"可以很好地帮助我们判断出现的到底是健康成人模式还是其他机能不全模式中的一种。这里的关键词依然是"需求"二字。当某个特定的行为模式或感知模式既能满足你自己的需求，同时也能兼顾到与他人需求之间的良性平衡时，其中就有健康成人模式的参与。为此你必须同时能体会到自己和他人的感受——换句话说，健康成人模式中也包含对感觉的敏锐认知。与之相反，如果某个行为模式或感知模式只是片面地满足了自己的需求或是仅照顾到了他人的意愿，那么这就偏向于机能不全模式。而且，这些感觉常常只是被片面地觉察到——或者也可能毫无察觉！下表总结了健康成人模式和其他机能不全模式在特征上最重要的区别：

|  | 健康成人模式 | 机能不全模式 |
| --- | --- | --- |
| 履行职责、自律 | 能够履行职责并自律，但有底线，兼顾自己的需求。<br>举例：有雄心壮志、尽职；但也注意休息，懂得放松。 | 苛求型家长模式都要求过高，会制定过多的纪律和需要履行的义务。<br>举例：野心勃勃、无休止地工作；除了工作没有其他兴趣爱好，具有较高的职业倦怠风险。 |

续 表

| | 健康成人模式 | 机能不全模式 |
|---|---|---|
| 自我批评 | 能自我批评,但不会厌恶自己。<br>举例:了解自己的弱点并尝试修正它;但并不认为自己一文不值。 | 惩罚型家长模式过度夸大自我批评,会自我厌恶,通过设置禁忌来麻痹自己。<br>举例:一旦认识到自身的一个缺点就认为自己毫无价值。 |
| 享乐、越界 | 知道享乐也很重要,不会时刻约束自己,但也遵守公序良俗。<br>举例:时而吃一顿豪华大餐或纯粹因为喜欢而买双新鞋,但账户始终余额充足。 | 缺乏自律型、冲动型和任性型儿童模式只满足自己的需求,无视他人或长远的不良结果。<br>举例:即使账上已经入不敷出,依然一直买新衣服。 |
| 表达愤怒 | 以符合社交规范的方式表达愤怒。<br>举例:将朋友拉到一边,客观地阐述自己愤怒的原因。 | 愤怒型儿童模式无法控制情绪爆发,并可能会因此付出"昂贵的代价"。<br>举例:愤怒经过长时间的集聚后,似乎会突然之间在聚会中爆发出来。 |
| 回避情感 | 将回避作为一种策略,但不会让其成为重要事物的阻碍。<br>举例:通常遵从自己的情绪行事,但当喜怒无常的老板心情不好并因此大喊大叫的时候,会关闭自己与负面情绪的联系。 | 回避型应激模式逃避所有情感,并因此对重要的社交关系、人生经历和事情发展造成伤害。<br>举例:因害怕批评而疏远所有人,包括自己的朋友和那些可靠且友好的人。 |
| 接手管控 | 不因强势而退缩,但保持灵活性,也会考虑他人的利益。<br>举例:当协助的游行队伍完全不配合时,能率直地"接管指挥权";而在指定人员姗姗来迟后,也会把指挥权交还给他。 | 具有过度补偿模式的人会坚持享有掌控权来管束他人,刻板且不变通。<br>举例:无论何时何地都要掌握指挥权,总给周围的人设置各种"闹铃"模式。 |

# 第二部分

# 改变自我,从"心"出发

# 第六章
# 脆弱型儿童模式的自我治愈

西格蒙德·弗洛伊德(Sigmund Freud)曾说过:"人们必须学会成为自己的父亲和母亲。"(这也是他精神治疗的重要目标)其中有一点最为关键:人必须首先与自己的脆弱型儿童模式建立联系,才能学会如何去更好地照顾由此产生的感受和情绪。

可能对你来说,进入自己的脆弱型儿童模式或与它对话并非易事。许多人声称不太记得童年时的经历,因此也很难处置它们。许多人非常排斥自己的儿童模式,有些人甚至完全厌恶与儿童模式相关的各种情绪和感受。然而,从长远来看,这种态度并未减弱这些情绪和感受。所以,即使做起来很困难,但在形成对自身儿童模式的处置方案之前,你首先必须接受自己"心中的那个孩子"。请试着去发现"它"什么时候会出现,"它"的诉求是什么。随着时间的推移,你就会更好地理解"它"到底想要对你"说"什么了。

## 第一节 与脆弱的自己对话

与自身脆弱型儿童模式建立联系有很多种途径,其中最好的方法就是想象练习。在此类练习中,人们需要发挥想象力,将自己的感受和某些特定的图片和想象联系起来。人的感受和记忆往往是紧密相连的。如果你反复遭受悲伤或孤独之苦,而根据以上描述,这些感受都是从脆弱型儿童模式中来的,那么你或许可以通过一次脑海中的"回到过去之旅"(想象练习)更好地理解它们。建议你最好先通读一遍关于这个练习的所有内容,以便在你闭上双眼冥想之后顺利地完成它。

**练习**

### 回溯我的脆弱型儿童模式轨迹

请闭上双眼,放轻松,在脑中调动出最近这段时间内让你感到孤单、悲伤或羞愧之类与脆弱型儿童模式相关的场景。请尝试在内心重温一遍当时的情形,尽可能清晰地体会当时的感受。当你察觉到这种感受的时候,请在脑海中将当下的场景抹去并尝试进入自己的过去,等待看看会出现什么画面或记忆。请仔细回想属于这些画面的童年感受,查看和比较这与你如今在现实中的感受有何相同和不同之处。

**案例**

乌尔苏拉(Ursula M.)是一名中学教师,因为上学期间经常被同学嘲笑而具有严重的脆弱型儿童模式。在工作中与学生的争吵会激活她的脆弱型儿童模式。今天,她已经给一班难缠又不听话的九年级学生上了3个小时的课了。下午,她感到疲倦又意兴阑珊,孤独且绝望。她窝在沙发里,闭上眼睛,接纳并去体会这些感受,思绪飘回了自己的幼年时期。几秒之后,她眼前出现了一个遗忘已久的场景。有一次,她在班级里走动的时候被绊倒了,还摔坏了眼镜。在回去的路上,因为没有眼镜看不清楚,她走得很艰难,必须让老师拉着她的手才行,这引发了其他小孩子的嘲笑声。回家以后,她的母亲并没有体谅她,而是狠狠地斥责和谩骂她把眼镜给弄坏了。她在当时的感受就和今天她在班级里所经历时的感受十分相似。

也许一开始你会害怕通过一个负面的场景来和自己的儿童模式建立联系。那么,以下这个初级练习或许能较好地帮助你先慢慢接近"童年的自己",再逐步体会"它"的感受。

### 练习

#### "一场寻找童年自我的幻想之旅"

这个练习很重要的一点是,必须选择一个安静的,能让你舒服坐下的地方。首先确保自己有20分钟的时间不会被打扰。请先通读一遍练习指南,然后闭上双眼,放轻松。设想一下,你正沿着一条乡间小路漫步,左右都是碧绿的草地,阳光普照,清风徐徐吹过。接着,你又走在一条蜿蜒的路上,它的尽头消失在几百米后的大山里。请尽量聚精会神地去体会脚踩在地上的感觉,感受轻风拂面、太阳照在你脸上的感觉。在这个画面中逗留片刻,直到你内心平静,完全放松下来。

不一会儿,你会看到一个小孩从画面中的山后迎面向你走来。他五六岁的样子,走得很慢,并且离你越来越近。过了一会儿,你会发现原来这个孩子就是你自己。这个"童年的自己"慢慢地离你越来越近。请花些时间安静地观察他,走向他。当你们最终在路上相遇的时候,请友善地跟他打个招呼。或许你想要友爱地摸摸他的脑袋或者抱抱他,或许你想先和他保持一定距离。请尽可能将场景描绘得生动一些:这个"童年的自己"长什么样?这次相遇给你什么感觉?也许你对这个"童年的自己"想说些什么,或者想和他在草地上坐一会儿,一起玩耍。请在这次相遇中多待一会儿。

在你做完一切想做的事情后就可以和这个"童年的自己"告别了。你是否有什么东西想给他在回去的路上随身携带?慢慢地,在看着这个小家伙沿着小路回去以后,你可以通过感受自己正坐着的身体和双脚踩在地上的感觉渐渐回到现实世界中。然后,请慢慢睁开你的眼睛。

完成练习后,请给自己提出以下几个具有启发性的问题:
- 这次与"童年的自己"相遇对你有什么触动?请记录下你在这次练习中的感受和思考。
- 这个"童年的自己"想从你这儿获得什么?他想要什么?
- 有什么东西是你想让这个"童年的自己"在回去的路上随身携带的?是一样东西(比如一条儿童毛毯),一个忠告,或是一句安慰的话?

当然，你也可以将这个练习稍作改变。比如你可以把和"童年的自己"相遇的地点改为以前的儿童房或是其他重要的地方。你也可以和"它"在童年曾经住过的房子里徘徊漫步，或是再碰见那时的某个人物（父母、兄弟姐妹、班级同学或是老师等）。

**通过纪念品建立联系：**旧的毛绒玩具、信件或照片之类的物品同样适合帮助和儿时的感受建立联系。我们的回忆和感受是与感官知觉紧密联系在一起的。因此，某种香水可能会让你对祖母的记忆鲜活起来，某张旧照片会让童年时的某个场景在你的脑海中变得清晰起来。请尽可能清楚地重温那些帮助你建立联系的物品所带来的感受，这样你就能更好地研究当前存在问题的感受和自己既往经历之间的联系了。

**案例**

### 塞巴斯蒂安（Sebastian E.，见第二章）的示例

团队会议中在众人面前被挂图绊倒的事情发生后，塞巴斯蒂安在回家路上陷入了沉思。长期以来，他一直知道这与他中学时的经历以及时而产生的强烈羞耻感和被孤立感有关。回家以后，他从地下室里拿出了一个存有学生时期物品的箱子。其中有张旧照片引起了他的注意。这是一张和当时他非常讨厌的一位老师的班级合照。在这张照片上，他清晰地看到自己当时在班级里有多不愉快。他对"小塞巴斯蒂安"当时的窘境感到悲伤和愤怒。于是，他想象自己进入照片中，以已经长大了的成年男人的身份安抚地搂住"小塞巴斯蒂安"的肩膀并安慰他。

## 第二节　多加关心脆弱的自己

接受那些感受并允许它们的存在。在与那些感受建立联系后，下一步就是学会更好地照顾内心这个"脆弱的小孩"。首先，最重要的一点就是接受并允许这些感受的存在，无论它们是在记忆中还是你现在依然感受到的。请试图找出它们真正的诉求是什么。

> **练习**
>
> **当脆弱型儿童模式出现的时候我该怎么办？**
>
> 　　当脆弱型儿童模式出现的时候，请闭上你的双眼，追踪它并问自己到底需要或者想要什么。哪些在当前情境中的需求没有被满足，并引起了你对哪段童年回忆的联想？相比童年时的自己，如今的你能更好地满足自己哪些需求？

**脆弱型儿童模式的治愈**：在塞巴斯蒂安的案例中，你已经知道了第一种如何与脆弱型儿童模式相处的可能性——通过某种符号或者照片给予治疗或安慰。塞巴斯蒂安将中学时的照片长久地留在脑海中，在那里，他站在童年时的自己身边，安慰地搂着"他"的肩膀给予保护。这些画面，也包括具有象征意义的符号、手势或者话语，都会对脆弱型儿童模式起到很暖心的作用。想象"成年的自己"站在"童年的自己"身边支持"他"对改善这类童年阴影非常有帮助。

在想象练习的治愈性画面中,除了"成年的自己",也可以由其他"善良的成年人"来照顾"童年的自己",比如最喜欢的姑姑或一个好朋友。重要的是,他/她要理解"童年的自己"的感受并满足"它"的需求。

符号标记、照片、歌曲或其他东西都可以帮助巩固对脆弱型儿童模式的治愈并一再强化对它的记忆。除此之外,我们在现实生活中也要注意满足自己对沟通、注意力和玩乐的需求。如果你在生活中每天都能体会到自己被爱,自己的需求始终都能得到满足,那么从长远来看,脆弱型儿童模式最终会得到治愈。

**案例**

### 卡特琳(Katrin P.)——一张找到归属感的画

卡特琳的大学同学在周六晚上举办了一个聚会。她给所有同届的同学都发了邮件邀请,但没亲口问卡特琳是否愿意参加。那个周六晚上,卡特琳孤独地坐在家里,自怨自艾。于是,她开始做想象练习,回到了自己大约八岁时的场景。当时她刚搬到一座新的城市,跟班里的其他小朋友并不熟悉。上完第六节课以后,她班里的姐妹小团体一起坐在学校操场里或玩跳绳游戏。然而,卡特琳却不敢去找她们玩,只会哭着跑回家。现在,她想象"成年的自己"走进操场,握起"童年的自己"的手,给予她勇气和自信。她们一起走向那些在玩的女孩子们。在"成年的自己"的支持下,"小卡特琳"终于敢问那些女孩自己是否可以和她们一起玩。她们答应了,大家一起玩了起来。"成年的卡特琳"则坐在边上看着她们。她的存在让"小

> 卡特琳"有了安全感。卡特琳带着这些安全感和归属感结束了想象练习后,她决定把这个想象中的画面画下来。这能帮助她保留这种感受。现在,每当卡特琳遇到没有安全感的时候,她就会尝试回想这个画面。这些想象常常能让她立刻笑起来并镇定地走向其他人。除此之外,她还决定,下一次,即使没有得到别人的专门邀请,她也会去参加聚会,因为即使一个群发的邀请函也极有可能是认真的。而且,只有以社交为目的参与活动,她才更能感受到与他人的联系。

在你深入了解自己的脆弱儿童模式时,还有一个非常有用的练习就是给自己"心中的小孩"写封信。也许对你来说提笔开始写会有些难,那就不如先写下你对那个"童年的自己"要说些什么,你还在想念些什么。然后再仔细想想,为了更好地关照那个"心中的小孩",你现在还能做些什么。

## 案例

### 乌尔苏拉(Ursula M.)写给"小乌苏拉"的一封信

亲爱的"小乌尔苏拉":

曾经的你过得实在太难了。有时候,我希望自己能穿越到过去保护你、支持你。从另一角度来看,我也完全理解你当时没有为自己挺身而出。甚至如今有时候遇到不如意的事情,我也不会说出来。为什么这对我们来说就那么困难呢?我想告诉你,你对我很重要,我会学着把你照顾得更好。

**更好地照顾自己**：关照内心"脆弱的小孩"与"照顾自己"或"自我关爱"的概念紧密相连。其中的基本态度就是人应该满怀爱意地对待自己，并且尽可能满足自己的需求。在第五章中，我们曾对此提供了一些建议。在这里，我们会再给出一些相关提示：哪些问题是你需要反复自问的，这不仅是对"心中的小孩"保有一颗"关爱之心"，而且对现在的自己也该这么做。

- 为什么我现在很难过，感到很受伤？我需要做些什么来缓解这种感受？
- 当儿童模式比往常更频繁地出现时：我的生活出了什么问题？是人际关系危机，还是其他让人产生压力的事情，比如过于繁重的工作、搬家、失去某物的经历等？我能用什么来安慰自己，平衡自己的心态？
- 脆弱型儿童模式总是与某种特定的情绪相关，比如悲伤或者孤单。那么，我要怎样做才能拥有与之相反的情绪呢？比如，用快乐代替悲伤，用自己与世界的连通感来代替与世隔绝的孤立感？

> **案例**
>
> ### 乌尔苏拉——更好地关注自己的需要
>
> 在学校度过了艰难的一天后，乌尔苏拉清楚地意识到学生们的不听话让她想起自己在学生时代被霸凌的经历。她会因此感到被别人排挤，很孤单。于是，她开始思考自己要怎么做来减少这些孤单感和被排挤的感觉。她想起一个常常和她谈论这个话题的同事

曾说过,在面对一班不听话的孩子的时候,做老师的感觉有多惨。

这位同事在小时候也有过相似的经历,如今依然深受其害。乌尔苏拉当天晚上就给这位同事打了电话,和她闲聊了一会儿并约了下次一起喝咖啡。对乌尔苏拉来说,告诉同事这天早上发生的糟糕事情其实并不重要,仅仅知道同行能理解自己并且进行了一次友好又愉快的沟通就已经足以抚慰她的心灵了。

## 练习

### 给"受伤的小孩"一个"急救箱"

人在感到孤单、悲伤或者不满足的时候是很难记得那些在这些情况下给他们带来好处的东西的,而准备一个"急救箱"装载下这个"受伤的小孩"则是我们为了应对这类现象而准备的一个很好的针对性练习。你只需要准备一个按照自己的意愿描画、粘贴或设计的鞋盒,把那些能够安慰和鼓舞"受伤的小孩"的物件都装进这个盒子里。当你心情糟糕的时候,可以往这个"急救箱"里看上几眼,用你的健康成人模式把"受伤的小孩"打包装箱。在此过程中,你的想象将不受任何限制。以下就是一些对于装在你急救箱里的物品的小建议:

- 一张你很喜欢听的音乐专辑(曲风不宜太过悲伤)。
- 一些对你来说非常重要的人物的相片。
- 一条柔软的毛毯。
- 一个装有你最喜欢的茶的茶包。

- 一张启发你能干些什么（例如去散步）的漂亮明信片。
- 你最好朋友的电话号码。
- 你上次度假期间或者美好的经历中留存下的小纪念品。

**谨防机能不全家长模式！** 通常情况下脆弱型儿童模式和惩罚型/苛求型家长模式互有联系。这通常在人感到虚弱、羞愧或寂寞的情况下最容易被激活。因此，时刻保持警惕，尽可能快速地辨别出机能不全家长模式并加以约束就显得尤为重要。在第九章中，你会看到一些对抗这类惩罚型/苛求型家长模式的有效策略。

### 案例

#### 塞巴斯蒂安（Sebastian E.）——由脆弱型儿童模式引出的苛求型家庭模式

塞巴斯蒂安被挂图绊倒以后就一直畏缩在厕所里。随着羞愧感和自卑感的逐渐消退，他注意到内心某些熟悉的想法油然而生。这是个伴随塞巴斯蒂安很多年的熟悉声音。他想："又是一次典型的能预料到的难堪境地。你应该更注意自己的言行。直接就这么离开会议室是非常不专业的表现，而且这样做会把所有的事情都搞得更糟。同事们现在会怎么看我？为什么你就不能像团队里的其他人那样自信地处理这种情况？"

合理应对内心的负面情绪是非常重要的。上例中的这些想法都无法帮助内心"脆弱的小孩"更好地自省。孩子是需要支持和安慰来应对困难复杂的情况的。如何削弱内心机能不全家长模式的声音来更好地关注自己的脆弱型儿童模式的构想,请参阅本书第九章。在你深入了解这些课题,特别是加入了想象练习来观照自己的儿童模式后,你就能体会到它的好处了。

## 第七章
## 愤怒型/冲动型儿童模式的自我控制

要找到更好地与愤怒型、叛逆型、冲动型和骄纵型儿童模式相处的方式,需要注意两点:其一是必须理解与这些模式相关联的需求是什么;其二则是必须找到一条恰当地把这些需求表达出来并实现它的途径。

不过,在不同的情况下,不同的人身上会隐藏有形色各异的问题。这主要是因为上述模式是以不同的方式存在于某个人的既往经历和成长过程中的。

也许你在幼年时期曾遭到亲戚、老师或者班级同学极不公平的对待。再次经历这些的时候,你会感到生气甚至愤怒。在这些情况下,愤怒几乎总是伴随着悲伤、孤独和其他具有脆弱型儿童模式特征的感受。其背后的需求往往需要被认真对待并为他人所认同和接纳。那么,我们就要将这些需求表达出来。比如在一段关系中,我们需要做的一个重要改变就是,从一开始就更清楚地认识到自己的需求是什么,并且把它们告诉对方。

也许你从小就被家人宠坏了,几乎没学什么规矩,或者在孩提时代总是被默许任性又倔强地处事。然而,溺爱孩子在一定程度上也是一种忽视,因为这代表着家长在给孩子设置界限这一重要的教育层面没有给予足够的关注。因此,除了表达需求这一目标,对孩子的教育中也应包括仔细思考这些需求在多大程度上是一个成年人真正应该满足的,或者在哪些情况下应该收敛一些并理智地遵守秩序。

## 案例

### 案例一:冲动型儿童模式

在本书第二章第二节中你已了解到莫娜(Mona K.)是个具有重度冲动型儿童模式的21岁大学生。莫娜饮酒过度,频繁参加各种聚会从而危及自己的健康(无保护措施的性行为),学业也被荒废了(不遵守学校纪律)。

莫娜的外婆从小就溺爱她,对莫娜的母亲也是如此。这也意味着莫娜从未学过如何控制自己、用理智代替及时行乐来生活。她也不接受任何限制。除此之外,她在自己母亲身上看到了,经历了,也完全效仿了她的生活态度。从小,莫娜的母亲就对莫娜照顾不周,把对孩子的教育都扔给了她外婆。当莫娜意识到她的大学课业已经完全脱节,聚会生活也无法让她真正快乐的时候,她就去向心理治疗师求助。治疗师告诉她,虽然满足自己的欲望、享受生活很重要,但另一方面完成交给自己的任务,履行自己的职责,并在约束和放纵之间取得良好的平衡也同样重要。莫娜必须学会更加自律,约束自己。也就是说,为了更好地达成长期目标而不完全迁就于短期欲望。当然这肯定需要一些时间,而且常常会让人产生挫败感。但从另一个角度看,莫娜也发现,自己往这个方向上做的改变显然让她更接近自己的长期目标了。

> **案例二：愤怒型儿童模式**
>
> 在第二章第二节中，你同样也了解了41岁的软件工程师哈拉尔德（Harald P.）的故事。在感到自己被批评的时候，哈拉尔德往往会变得愤怒，因为他很容易产生即使自己很努力也会遭受不公平对待的感觉。而伴随着愤怒的是他急于被其他人认可和接受的渴望。这也是他作为完美主义者一再努力追求的目标。
>
> 对哈拉尔德来说，重要的是让自己明白，他并不需要把一切都做得最好才会被大家认可，而一点小小的批评也不会毁了他——只有当他更加确认这一点的时候，他才不再会因为被批评而恼怒万分。当然，他也必须做到亮出自己的极限，不求事事完美——只有这样他才能真正体会到，即使他不是百分百全能，别人依然会觉得他很不错。

## 第一节 深入了解愤怒型/冲动型儿童模式

关于这个问题，我们的首要任务是准确地了解愤怒型/冲动型儿童模式在什么时候，因为什么原因出现。其中有个问题很重要：到底这两种类型的儿童模式是作为"次要"模式伴随着脆弱情绪一起出现的，还是偏向以"主要"模式的形式完全独立出现的？另外一种更好地认识这种模式的方法是在思想上走入自己的内心世界，想象一些能让愤怒/冲动型儿童模式再次出现的场景。

> **练习**
>
> 请闭上双眼,注意调整呼吸,放轻松,回想并让自己重新置身于近期某个愤怒型/冲动型儿童模式非常强烈的场景。现在,探究一下自己当时的感受,是以生气或者愤怒为主,还是以了无乐趣或任性毫无节制为主?这些感受有多强烈?除此之外,你是否还有悲伤、孤独、被排挤的感受?是否觉得自己遭到了不公平的对待?如果是的话,那对方是谁?如果他/她以同样的方式对待别人,你是否同样会觉得不公平?当你感到自己受到了极其不公正的对待的时候,这其实是悲伤和脆弱的情绪在起作用,这极有可能是脆弱型儿童模式在作祟。关于更多这方面的内容,请回到本书第六章第二节中参阅相关练习。

如果你在练习中发现确实是脆弱型儿童模式在起作用,那么首要一点就是好好注意这类模式中的情绪。具有此类问题的人常常反映说,一旦自身脆弱型儿童模式有所改善,愤怒或生气之类的情绪基本就不会再出现了——不用采取什么有针对性的措施来缓解生气或恼怒这类情绪。因此,就这点而言,我们建议大家首先回到针对脆弱型儿童模式治疗建议的内容(本书第六章第二节)中找答案。此外,愤怒型儿童模式有时甚至是有用的——因为你可以从中非常清晰地了解隐藏其后的那些非常强烈的需求,以及哪些情况是对脆弱型儿童模式尤为不利的。

但是,如果你发现愤怒型儿童模式在你的内心世界中占主导,或者其生气和愤怒的程度已达到要伤害你自己或其他人以致无法忍受的程度,那么认真做好以下练习就非常重要了。不过请始终牢记,愤怒/冲动型儿童模式中的潜在需求基本上都是完全合理的——它们只是存在程度上和需求表述方式上的问题。

**溯源:**

即使脆弱型儿童模式对于帮助理解愤怒型/冲动型儿童模式没有起到主要作用,继续深入研究任性型、冲动型或愤怒型儿童模式的成因和内部逻辑依然非常有价值。以下是较为常见的原因或既往背景:

- **与脆弱型儿童模式的结合:** 如前文详细描述的那样,当一个人感到很受伤害或被鄙视的时候,愤怒型/冲动型儿童模式仅作为"次要"角色出现。
- **缺乏足够的独立自主的经历:** 许多具有严重的叛逆型或愤怒—叛逆型儿童的患者声称自己没有被重要关系人(通常是父母)赋予足够的独立自主权。这往往激起了他们的逆反心理,并在一定程度上"成型"后在本人往后的人生中反复出现——即使根本没人要侵犯他的自主权。这可能是因为一个十多岁的男孩始终只能穿母亲为他挑选的衣服。或者,父母总是干涉孩子们之间的交往。比如,他们会当着自己孩子朋友的面对自己的孩子品头论足、指指点点,这会让已长成青少年的孩子感到羞耻,好像自己被当作小朋友一样对待。
- **缺乏自律,愤怒型/冲动型的"榜样":** 以别人身上本身存在的问题做榜样进行效仿,在心理学中被称为"模板"(即榜样学习)。例如,如果你的父亲经常反应冲动、易怒,毫无顾忌地提出任何要求,那么你可能就理所应当地认为这些行为方式都是正常的。因此，在成人以后的生活中，你也会毫不例外地如此行事——因为除了这些，你本来就没学到别的。

- **不受约束的童年**：父母有时会忽视给予孩子足够的约束。这通常是因为他们愿意为了孩子倾其所有，或是害怕与孩子产生冲突而选择了一条"更容易"走的路。因此，他们没有看到自己对孩子的溺爱。而育儿教育很重要的一点就是教会他们自律，适时隐藏自己的所要所想。这对于他们在成年后是否能拥有成功的人生至关重要。也许你不太走运，小时候太过任性了，那这一堂自我约束的课程你就得现在补上了。

## 第二节 约束及控制自己的恼怒和冲动

如果你根据以上论述已经证实自己确实常常做出冲动、易怒、执拗或任性的反应，那么限制它们继续发展和降低它们的程度就很有意义了。但也请别忘记，冲动、时而放纵自己或是沮丧情绪的随性表达也是日常生活中的一部分——需要自我约束的仅是过度的那一部分！

衡量是否"过度"的标尺是其他人对此的反应。例如，若是伴侣总是因为你的抵触情绪而感到沮丧，或者朋友们早就对你的个人主义提出非议，那你就得在这方面上多加努力改善了。请尽量诚实地面对自己，并且要考虑到其实大多数人在发现别人自私的时候都很少去直接表达自己的想法，这通常只发生在对方很重要的情况下。大多数人在发现关系不熟的人自私或任性的时候往往更偏向于退避，不当面表达他们的看法。具体来说，如果有两个以上跟你关系很好的人对你提出了相似的负面意见,那么也许事实就是如此。当然,这些可能只是针对你在某种情况下的行为做出的负面评论,并不上升到你的人格,但你仍应该认真地对待这些有用的社交信息。

**目标和需求**

请思考你在生活中有什么真正想要实现的目标,而愤怒型/冲动型儿童模式又是以何种方式阻碍了你去实现它。仔细地权衡和对比这类模式带来的利弊很有意义。请通盘回顾一下这个模式带来的优点是什么,其中你又看到哪些缺点。这样你就会得到一个更为清晰的画面。它会明显地指出,在改变固有模式的这条路上有哪些障碍在阻碍你——这也正是这个模式存在的一个优点。

案例

### 曼努埃尔的任性型儿童模式的优点和缺点
(参见第二章第二节的例子)

**优点:**

- 不用去管那些麻烦的琐事。
- 当我和女朋友"耍倔"的时候,我感觉还挺好的。我几乎感受不到她在生气或是沮丧。这种"犟头倔脑"的行为在某种程度上还挺舒服的。
- 总的来说,我能让烦事烦人不近身。

**缺点:**

- 我没有去完成那些真正重要的事情。这让我平时过得更加辛苦,也让我很沮丧。
- 我和女朋友的关系深受其害。她其实是个充满爱心、善解人意的人。让她一再忍受我的倔强和执拗很不值得。
- 我真的不想总是受到这类模式的影响而做出一些幼稚的行为。我是个成年人,行为举止也应如此。
- 我注意到这个模式也在反复影响我的工作。这对我的职场升迁很不利。同事们会不把我当回事或者讨厌我。

**空椅对话**:在心理治疗中,这样的权衡练习通常是在被称为"空椅对话"的框架下进行的。治疗师会放置两把椅子——其中一把椅子上坐着"愤怒的儿童",另一把椅子上则是"健康的成年人"。患者会在两把椅子上来回换着坐,以便理清内心的矛盾之处,也使自己的目标更为明确。

有些人在进行这类空椅对话的时候并不需要治疗师的陪同。即使它一开始看起来有点可笑,也值得你来尝试一下!通常来说,更为简单的方法是用两个符号标记或两只玩偶,例如用玩具小人或毛绒玩具来代替两张不同的椅子。那么,用一个毛绒玩具(或许用个猴子或小鳄鱼)来代表缺乏自律的儿童模式,另外一个(或许用个白色泰迪熊)则代表健康成人模式。这样,你就可以演一场小小的"木偶戏",让它们互相讨论起来。

**学会控制自己的行为**

**生气、愤怒型儿童模式**:在改变这两类儿童模式时,有一个特别的挑战是对每种不同情况下产生的气恼和愤怒的情绪进行控制。如果你现在觉得这极其困难,那是完全正确的!但从另一角度说,用越来越接近并满足自身需求的行为方式来逐步替代愤怒型儿童模式下的那些反应并非毫无可能。这种改变的基础是你对自己的愤怒型儿童模式非常熟悉。改变过程中很重要的一点是,你知道自己的愤怒型儿童模式通常在哪些情况下会出现,以及主要的诉求是什么(例如是要独立自主,还是求得认同)。

## 案例

在本书第二章第二节亚历克西娅(Alexia P.)的案例中,当她感到自己被别人利用或被别人忽视的时候,她往往会陷入愤怒型儿童模式。她列了一份模式清单,记录了每次模式出现时的场景和其背后隐藏的诉求:

| 愤怒型儿童模式出现时的场景 | 哪些需求未被满足? |
| --- | --- |
| 回到家以后,我看到走廊里是孩子们乱扔的外套,没有一件是挂在衣钩上的。<br>我的反应:我用力摔门,边生气边把衣服挂好。 | 我感觉自己快被孩子们榨干了。我希望他们能够减轻一些我的压力,自己完成一些小事情来表示对我自己的支持。 |
| 孩子们跟我抱怨,因为我太累了,以至于下午没有和他们一起去游泳。<br>我的反应:我吼了他们一顿,说我其实本来可以跟其他人一样白天上班的,然后我忍不住开始哭了。 | 我感觉自己为家庭做出的贡献(上夜班,以便于白天照顾孩子)没有被认可,还被轻视了。但实际上,这也许是我对我丈夫的期待,而不是对孩子们的期待。 |
| 尽管知道我这一天过得很糟,真的很需要别人的支持,我丈夫依然出去和他的朋友们看足球了。<br>我的反应:我嘶吼着让他最好消失。 | 我想要得到丈夫的关注和支持。我希望能跟他讲讲我今天发生的事情,并能得到他的理解。 |

> 亚历克西娅得出结论,总是有几个相似的场景能引发她的愤怒型儿童模式,例如总是在与她的家庭相关的时候。这些场景都为行为实验打下了一个良好的基础。

**行为实验**:在心理治疗领域,行为实验往往用于为如何处理(心理)困境找到一条新的出路。重要的是,它能以游戏的方式激发本人的兴趣去打破习以为常的行为习惯。在这样的行为实验中,我们首先会有意识地将自己置于一种人们通常会做出"不受欢迎"的行为(比如暴怒、大力摔门)的困境中。不过这一次,我们会事先计划好不按平常的行为习惯来。这些"新"的行为会以颇具建设性,当然也是以有趣的甚至是夸张的方式来解决困境。

### 案例

亚历克西娅有许多类似的困境。她需要不断地去应对疲于照顾孩子却又常常被轻视的困境。当她第二天站在家门口的时候,她清楚地知道那道门里面将会有多混乱的场面在等着她收拾。她深深吸了一口气走进家门。孩子们的外套正如意料之中的那样横七竖八地散落在走廊里。亚历克西娅又深吸了一口气,脱了外套扔在地板上那堆衣服的最上面。她最小的女儿急匆匆地跑来迎接母亲,惊讶又困惑地看着走廊里的情景,最后母女俩哈哈大笑。

**如何控制我的愤怒?** 学会在触发愤怒型儿童模式的场景中按照自

己预想和希望的方式那样处事需要进行大量的练习。也许下面的小建议会对你有所帮助。而我们的目标是帮助你学习及重新掌控自己的反应和行为。

- **识别愤怒型儿童模式早期的预警信号**：最了解自己的人永远是你自己！仔细回想一下，你就会想起来哪些身体反应（比如缩紧的肩膀）或内心的想法（"我受够了！""我压根儿不在乎你！"）能体现愤怒型儿童模式最初的迹象。如果对这些早期的预警信号及时做出反应，你就能保有一个"清醒的头脑"。而且，将程度较轻的不满情绪表达出来会对你身边的人更好。这就好比要捞起一个已经沉入井底的孩子是最困难的。所以，不要将自己的不满情绪藏得太深，适当表达出来吧！
- **学会分层式表达自己的不满**：如果直接表达你的怒意却没有人倾听的话，这只会让你更生气。因此，你需要学会调整自己，适当地提出你的不满。
- **稍作休息**，在你感觉愤怒型儿童模式将要被激活的时候，也就是说，在一场气氛紧张的交谈中，你可以短暂地站起来，开窗并做两次深呼吸，或是将眼神聚焦在对方的眉毛和耳朵上并做短暂停留。这些短暂的停顿都能帮助你重新恢复清醒状态，明白自己真正想要的是什么（需求！）。
- **找个合适的"抚慰剂"**：许多人会找一件物品（比如一块能揣在裤子兜里的光滑的石头）、一幅画（比如一片犹如镜子般平静的大海）或是某首歌曲来帮助他们与冷静和淡定建立联系。遭到激烈批评的时候，你可以暂时抓紧裤兜里的石头或是在脑子里回想那幅画或者那首歌曲来帮助自己恢复冷静。
- **在冥想中寻找替代方案**：你一定常常听人说起所谓的"冥想训练"。想象练习和它很相似。就是说，你可以通过设想其他的处理方式为那些会激活愤怒型儿童模式的情况做准备。这就如同在亚历克西娅的案例中她所做的行为实验一样。

练习

### 用想象练习来控制愤怒

把自己调整到舒服、平静的状态。设想一个平时会让你生气的场景并融入当时的情绪中去。

现在，想想你需要做些什么来减少自己的怒意。然后，请按照刚才的设想相应地改变场景。你是否想要某个人，他/她保证会在所有人都阻碍你或者拒绝你的时候支持你？那么，或许你可以在场景中想象有一位好朋友站在你身后，担心地搂住你的肩？

然后，请继续想象如果你因为有这个"想象中的朋友"而没有过度表露出自己的愤怒，这个场景会怎样继续发展。与从前相反的，你会保持淡定，说话客观、条理清楚——而且，非常重要的一点是，你向大家明确了自己在这类场景下已被触碰的底线和未被满足的需求。

**"犟头倔脑"——任性型儿童模式**：首先要明确这个模式的利弊，并且更准确地了解自己的目的是什么。当然，非常必要的是，为此做一个尽量清晰的方案。这个模式的人往往很随性，但在很多地方却要求很高！

因此,请务必好好考虑,你想在平日生活中的哪些场景中限制这种模式。

请列出一份清单,里面包含所有你想要限制自己任性型儿童模式的危急状况。也许一方面,你想在情侣关系中表现得不那么固执,但另一方面,你又不想放弃多年来已成规律的体育锻炼。而且,你也清楚地知道,缺乏自律的儿童模式始终是这里的一大障碍。那么,你要先改变什么呢?

请诚实客观地面对自己。预估一下每个特定方案实行起来的难度有多大。也许它只是个挺简单的步骤。例如,将来用完早餐后,别总让伴侣来收拾桌子,而是自己也帮着整理。如果你直到现在还是出门只坐车,讨厌吃蔬菜,那一夕之间改变完全不合理的饮食习惯并且每两天慢跑一次就比较困难了。

因此,请制定一个切实可行,包括如何将改变落到实处的方案。非常重要的是:奖励不可少!当你成功地改变既定的行为模式,摆脱过去的影子时,你应当认可自己。这是你一个巨大的成就!你最好先提前想好,当自己达到某一步或是某个里程碑式的阶段时,你将如何犒劳自己。

案例

曼努埃尔(Manuel P.)最近总是和女朋友吵架。因此,他决定要约束自己,多一点自律,少一点任性。当然,仅仅只做个决定并不能改变什么,他为自己确立了更详细的目标,先每周承担两个从前会被搁置的任务。他成功了,他比以前做得更好了,女朋友也为他的改变感到由衷的高兴。不过,这显然只是个开始,曼努埃尔还需要再接再厉。

别对自己太苛刻了！对自己坦白，承认自己有时太过执拗或者太过任性本身就是一个很大的进步。仅此一点就值得被尊重，因为改变自己是日积月累而非一夕之间的事情。你当然可以在内心为任性或其他什么保留一个小角落——只需注意，它们不会恰好激怒你的伴侣。也请不要忘记，许多模式常常会互相作用。有时，先去处理其他例如脆弱型儿童模式或消极的应激模式所产生的问题或许更为重要。处理得越多，你就越能明白自己的感受，越能了解哪些需求和想法更重要。

# 第八章
# 幸福型儿童模式的自我强化

正是在你的幸福型儿童模式快要被"埋葬",或在你的生活中原本就没什么所谓"幸福"的时候,你才需要和它进行一次"亲密接触"。这就像一个趣味游戏的座右铭一样:再玩一次纸牌游戏,你就知道它有多棒!当然,这可能只对少数人有用。

找到"幸福"的方法通常并不简单:一方面,许多人并不完全了解自己跟什么样的人在一起会开心;另一方面,他们也许觉得自己根本没有机会感受到快乐。例如,那些具有惩罚型家长模式的人就不会允许自己拥有这些。但即便是这类人也可以,而且必须加强自己的幸福型儿童模式——他们极有可能会比其他类型的人更需要这么做!然而,做出改变并不容易,而且这也不是一蹴而就的事情。

## 第一节 与幸福型儿童模式建立联系

正如你在脆弱型和愤怒型儿童模式中看到的那样,想象练习给了你一个很好的入口,来接触自己"内心的小孩"。所以,它同样也是能帮助你与幸福型儿童模式建立联系的好方法。

### 练习

**与幸福型儿童模式的"连线"**

让自己舒服地躺在床上、躺椅上或者沙发上。闭上双眼,调整自己的呼吸,放轻松。想象自己置身于那些平日里让你感到快乐的场景中。

这些场景或许是来自儿时的一段记忆——也许是某个美好的圣诞节,也许是在某个姑姑家度过的愉快假期;当然也可能是场最近才发生的经历——和朋友或者家人的一次郊游、一场聚会、一次湖中游泳……这些被唤回的记忆和脑海中出现的具体画面不仅在狭义上重现了既往信息,也让人再次体会到了与这些回忆相关联的感受和情绪。此刻特别重要的是,尽量让自己的各个感官全方位地沉浸到这个场景中。如果你回想起了圣诞节,那么记忆中该有蜡烛、热巧克力和曲奇饼的味道;如果回忆中的你在郊外游泳,那么你该重新体会到阳光晒在皮肤上、风在林中穿梭的感觉。唤醒这些感官上的记忆能帮助我们更轻松地与这些场景中的感受建立联系。而在我们重温这些感受的时候,也能更容易地为自己现在的生活找到相似的活动或灵感。

或许你已经发现,在唤醒一段美好的记忆后,你可以更轻松地为现在的幸福型儿童模式做准备。如果有人在你还懵懂的状态下问你:"什么能让你真正快乐?是否能再做些让自己开心的事情?"你可能会觉得自己只是误解了什么,而且完全想不起来曾有过什么类似开心的状况。

但如果你在唤醒一段美好的回忆后再重新问自己同样的问题,就能比之前更容易想起些什么了。

在心理学中,这种现象被称为"情感桥"。因此,当你沉浸在某个幸福回忆中时,你就已经在试着搭建一座连接过去和未来场景之间的桥梁:它的一头是能触发与幸福快乐相似感受的过去,而另一头则是你更易把控的未来。人们通常通过观察别人来认识"情感桥",它可应用于所有人身上,也包括你自己。

**案例一**

丽萨(Lisa L.)常常感到孤独和不快乐。父母严格的家规,基督教的严厉教育都让她对自身的道德要求极高,这就导致她几乎无法享有任何娱乐。但她的心理治疗师却说服她明白,幸福型儿童模式应该在她生活中发挥更大的作用。因此,她设想自己回到童年时期的某些幸福的回忆中——与教友和牧师小助手们一起郊游的经历。在她的记忆中,一次在博登湖边的郊游让她感到特别轻松和快乐。他们整团人马先玩了游船,然后又都涌入冰淇淋店。丽萨还清楚地记得自己当时吃了碎巧克力和柠檬口味的冰淇淋。尽管这个组合并不是当时流行的吃法,但她却觉得特别棒。

治疗过后,某个温暖的一天,丽萨去冷饮店买了一个双球冰淇淋——碎巧克力和柠檬味的。然后她坐在公园河边,边晒着太阳边一口一口地尝着冰淇淋。虽然仍是有些惆怅,但在某种程度上她也感受到了惬意和满足。

> **案例二**
>
> 西尔克(Silke U.)最近忙于强化自己的幸福型儿童模式。她常常自问,到底怎样的场景能触发她的幸福型儿童模式。在思考中她发现,与豪爽开朗的女性交流对她很有帮助。在某次回溯过去的"想象之旅"中,映入她眼帘的是性格大大咧咧的姨母艾尔菲(Elfi)。她给西尔克的感觉就像现在那些激发她相似感受的豪爽女性一样。西尔克抿嘴一笑,厘清了在这次联想中两者间的关系。她决定从此以后与儿子幼儿园里那些温暖爽朗的母亲多增进交流。首先,当然是把握幼儿园提供的一些活动的机会,比如一起组织跳蚤市场,或是在夏日派对中共同照看蛋糕摊。虽然这些活动本身并没有那么热闹或有趣,但仅仅以这种方式进行交流就让西尔克感到愉快、心情舒畅。

## 第二节　强化幸福型儿童模式的练习方法

接下来的一步就是接受并强化那些对幸福型儿童模式有利的活动了。同对待日常生活中的其他事物一样,这个也要注重适度和平衡。期望未来的生活中只活跃着幸福型儿童模式是没有意义的。让人们最为满意的,往往是当他们知道生活中五花八门的事物最终达到了良好的平衡时。除了拥有幸福型儿童模式,我们也自然需要承担属于"成年人"的责任和义务。

当然，触发幸福儿童模式的情境因个人情况而异。有的人会花上数小时拼装一个火车模型并从中获得幸福感，而有的人却很不耐烦做这件事。因此，我们鼓励你去寻找属于自己的那个"幸福儿童"的场景。不过，有些人可能根本不知道什么能触发他们的幸福型儿童模式，尤其当这个模式在他们迄今为止的生活中只是扮演了一个非常小的角色。因此，我们在下面的方框内为你汇总了一系列的建议。幸福型儿童模式最重要的一个特征就是新奇和好玩。让我们一起来玩一些新鲜的东西吧！

### 幸福的小孩"看"过来

激活幸福型儿童模式的情况可能是当他们……

- 跌进一个秋日里的落叶堆的时候。
- 引吭高歌的时候。
- 与其他孩子打赌的时候。
- 躺在太阳底下晒肚皮的时候。
- 连翻几个筋斗的时候。
- 雨中散步的时候。
- 把音乐声开到最大的时候。
- 开始一场"枕头大战"的时候。
- 向别人微笑的时候。
- 和小动物们玩耍的时候。
- 倾听大自然声音的时候。
- 一勺接一勺地吃着巧克力酱的时候。

- 在草地上打羽毛球的时候。
- 用毯子给自己造个洞穴躲起来的时候。
- 洗一次比平常多出很多泡泡的泡泡浴的时候。
- ……

在与自己的幸福型儿童模式顺利"联通"后,你一定也能比从前更轻松地强化它。如今的你会更了解做些什么能让自己快乐舒坦起来。那么,现在最重要的是如何将它们融入你的日常生活中去。我们在此列出以下几个重点:

**培养幸福型儿童模式需要时间!** 如果你只是打算偶尔花上十分钟给姑妈罗西(Rosi)打电话,那你极有可能会失败。首先,并不是每次你想要打的时候就能联系到她;其次,仅仅十分钟也太赶了——不如计划一个小时吧。

**脚踏实地,迈好每一步!** 如果到目前为止幸福型儿童模式都很少出现在你的生活中,那它不可能那么快就闪现它的光芒。你必须逐步吸引内心那个"幸福的小孩",并且一直坚信:"它"会为此感到高兴,而每向前一小步都会在时间的积累下走出更长远的路。

**保持理智、切合实际!** 正是那些承受各种压力的人才没为"内心的小孩"留下足够多和相当频次的"快乐时光"。不如做个妥协吧。每两周去游一次泳总比完全不去强!

**让其他人也参与进来!** 如果你已有工作或已有家庭,那就几乎不用为了做几小时的"幸福型儿童"而挤压原本属于工作和家庭的时间。最多在你独自享乐的第三个周六,你就会和孩子们闹出矛盾……解决这类问题最好的办法就是和其他人共同开展激活幸福型儿童模式的活动。全家人一起做一些有趣、美好又轻松的事情,对每个家庭成员来说都是件好事!在与他人一起获得乐趣和快乐的同时,你的儿童模式自然也会感到幸福。

**注意自己的情绪!** 幸福型儿童模式并不是用撬棍勉强"撬"出来的。即使你已打算在日常生活中专门挖个"孤岛"给它,某些实际发生的状况也会让你的计划落空。如果你正因为工作而抓狂,那不如先用健康成人模式(参见第五章)处理好自己的心情。等换一种心情的时候,再挪出时间弥补它吧。

希望你能在本章中为自己找到一些有用的建议。请记住,无论如何都不能断开和幸福型儿童模式的联系,忽视它。即使,或者正因为还要努力克服自身具有的机能不全家长模式(比如惩罚型家长模式),你也要在日常生活中给幸福型儿童模式留足空间。

# 第九章
## 机能不全家长模式的自我约束

在第三章机能不全家长模式中,我们讨论过那些在内心给自己施加压力的声音来自哪里。身处这些模式中,我们有时贬低自己,有时厌恶自己,甚至以自己为耻。在本章中,我们还是会分两个步骤来完成对这类模式的改变。

第一步有点类似于"清点存货"。也就是说,我们要首先收集和厘清自己内心听从的是哪些批评的声音?它们最初因谁而起?并且从何时何地开始作用于我们的生活中?第二步则是减少这些声音对自身的影响,或者——针对重度惩罚型家长模式——让它们彻底保持沉默。其中非常重要的一点,就是准确分清健康成人模式和机能不全家长模式之间的区别!因为即使处于健康成人模式,人们也知道自我要求甚至挑战自我对自身发展很重要。这在一定程度上也是一种"良性的家长模式"。我们真正必须削弱的是那些对我们造成伤害的机能不全家长模式,因为它们禁止人拥有自己的需求,或是要求我们反复"挑战"自己的极限。如果这种自我否定和自我批评退化成彻头彻尾的自我厌恶,那这种程度就太过强烈而必须去减弱它们了——从本质来看,健康并具有建设性的自我批评是一件积极的事情。

## 第一节　与机能不全家长模式建立联系

在与内在儿童模式建立联系这一方面,我们反复提倡的是多做想象练习。而针对机能不全家长模式进行想象练习的时候,我们则要求你务必多加注意。因为当你再次置身于那些曾经被贬低、被惩罚或者被虐待的既往场景中时,自己也会再次沉浸在一种非常消极、没有外力帮助就难以自拔的情绪中。因此,在进行以下这类想象练习的时候,你需要比目前所学的都更为"小心"。

**练习**

### 识别机能不全家长模式

将自己调整到一个舒适、放松的状态。想一想,最近有什么状况会让你倍感压力——尽管客观上来看你在这类情况下应该表现得轻松而从容?什么时候你会强烈地否定自我,感到自己不怎么讨人喜欢,或者硬要逼迫自己去做一些其实根本不愿意做的事情?又是在什么时候,你身上的家长模式会表现得特别严重呢?

接下来,请再具体想想这些究竟是关于什么事情的。哪些是必须要做的,哪些是你不允许自己做的,为什么会否定自己?如果你当时做了自己愿意做的事情,又会有什么感受?是否会因此觉得自己是个失败者,或是心存内疚的背叛者,或是觉得自己其实并没有这样的权利?以上这些问题的答案都能帮助你更准确地形容各类不同的家长模式。

如果你的感受偏向于内疚感和挫败感，其背后隐藏的很有可能是苛求型家长模式。其中，内疚感偏向于情感索求型家长模式，而挫败感则偏向于苛求型家长模式。另一方面，如果感受主要表现为羞耻、自我厌恶、对威胁的极端恐惧，那么这些都偏向于惩罚型家长模式。

如前几章中的方式一样，以下这些问题都能帮助你了解自己是否具有严重的惩罚型家长模式。

请聆听内心，家长模式正以哪种声音在说话？它的"语气"听起来是不是很熟悉？普遍来说，人们都能快速自然地反应过来，在他的童年时期，哪个人将这类家长模式赋予到他身上。认识这一点很重要！因为在接下来的练习中，我们会设法将这些声音"调低"，甚至让它们彻底"静音"。而充分了解这些声音的源头是练习的前提条件。

与处理脆弱型儿童模式不同的是，我们并不建议你全身心地再次投入到惩罚型或苛求型家长模式中。练习过程中，请先停留在一个理智的、利于思考的层面，不要过分深入地沉浸在当时的情绪中。闭上眼睛，小心地一步一步进入那个充满视觉冲击的想象中，密切关注那些你期待和想要的东西！尤其要注意，重度惩罚型家长模式能迅速接管你感官的"指挥权"，让你的情绪立刻变得糟糕起来。因此，请在练习中时刻关注自己的情绪！如果感到压抑，那就想想之后或许可以找谁聊聊这个话题。这可能会帮你减轻一些压力，安抚心绪。

在处理惩罚型家长模式的过程中,我们尤其建议你先结合自己的既往经历和现实情况用心思考下列问题。

> **我们的"指导信息"从哪儿来?它们到底是什么?**
>
> 在幼年和青少年时期,我们常常在各个方面被要求守纪律、表现好、懂谦虚……有时候,我们会反复听到一些特定的话语,并且至今都留存在我们的记忆里。比如:"只有驴子才会每次都先叫。(谚语:表达某人不礼貌)""谦虚是种美德。""看人手艺先看手。"或其他类似的谚语和成语。有时候,它们也可能是某人的惯用语,比如:"是不是又想惹我生气了?"
>
> 具有惩罚型家长模式的人常常知道不少粗话,其中有一些是他们在孩提时被叫过的粗鄙绰号。我们曾有一个患者,因为是父母意外生的孩子,少年时常被父亲叫作"赔钱货"。
>
> 请列出那些在幼年和青少年时期深深扎根在你脑海里的信息并仔细体会,哪些信息仍在对今天的你发挥重要作用,而哪些的影响已经没那么大了。这些不同的声音对于你如今的生活具有什么意义?给你带来了怎样的感受?你的哪些行为方式可以追溯到这些信息?对此你怎么看?

**做出决定**:对一个健康的成年人来说,哪些规则和信息至今仍让你感到愉悦,哪些则对你没有帮助?

相信其中肯定会有一两个"指导信息"让你有理由认为它们是好的、

有帮助的。家长或监护人通常会把纪律和规矩看得很重。尽管有些规矩现今看来比较繁琐和无聊，但你也许会乐意曾经被告知过这些信息。因为通过了解这些规矩，你能学会如何善待他人，并因此（比如）成为孩子们的好父亲。

这些"优秀"的指导信息在图式疗法的概念中属于健康成人模式的一部分。其功能也包括履行和遵守规则（参见第五章）。一个人人生中所获得的某些生活准则通常都藏在那些好的或坏的指导信息背后。

然而，也有一些"指导信息"除了给人带来压力，对你或其他人都毫无帮助。惩罚型家长模式中的自我贬低就是其中最特别的一种。当这类模式中的信息让你觉得难受的时候，你就应该削弱它在你生活中产生的影响。这就再次涉及我们之前常说的"合理范围"的问题——原则上我们提倡遵守纪律和接受批评；但持续不断的自我批评和超负荷承压会让人崩溃，无法快乐起来。

请再次尝试对"我的指导信息"进行归类，哪些信息属于健康成人模式类的，哪一些更偏向于惩罚型或苛求型家长模式。你须先在本书第一部分（参见第三章和第五章）中详细了解和熟悉每种模式的特征后再做决定。

将自身"指导信息"分别归类到健康成人型和机能不全型家长模式之后，接下来，你就得决定自己想要继续顺从哪些信息或削弱哪些信息对你的影响。把那些被归类为健康成人型的语句保留下来是很有意义的；而那些给你带来压力、偏向惩罚型和苛求型教育的语句则应该被列入"变更清单"。在这一过程中，你也有必要思考一下，用哪些更温和的表达方式和语句来代替那些需要被修正的条条框框（参见第二章第一节）。

**案例：**

在本书第三章的最开始部分，我们认识了具有不同家长模式的米利亚姆、安德烈娅和马丁。他们也需要针对完全不同的指导信息来处理各自的家长模式。

| 米利亚姆的指导信息 | 既往经历相关人 | 所属模式 |
| --- | --- | --- |
| 1. 不关心照顾他人的人，不是个好人。 | 母亲 | 苛求型家长模式 |
| 2. 你的感受和需求无关紧要。 | 母亲 | 惩罚型家长模式 |
| 3. 只要努力就能达成目标。 | 老师、父亲 | 健康成人型模式 |

米利亚姆想要改变以上第一条。她未来的人生准则将变成："能善待他人的你很好，但满足自己的需求也很重要。你应该将自己和别人的需求放在一起权衡。"第二条准则因为没给她的生活带来任何有益的支持而应该被删除。对于第三条准则，米利亚姆认为它很有帮助，而且要求不会太高。因此，她将之归为健康成人那一类，并且让其成为自己人生中的主要准则。

| 安德烈娅的指导信息 | 既往经历相关人 | 所属模式 |
| --- | --- | --- |
| 1. 不许吃好东西！ | 修女 | 惩罚型家长模式 |
| 2. 你不配拥有快乐！ | 修女 | 惩罚型家长模式 |
| 3. 寻求享受的想法是恶劣的，享乐有罪！ | 修女 | 惩罚型家长模式 |
| 4. 只要犯一个错误，你就是失败者！ | 修女 | 惩罚型家长模式 |

在安德烈娅的成长过程中，她从修女们那儿获得的指导信息都是在否定她拥有自己的感受和需求的权利，而且不允许她善待自己。最主要

的是，它们导致安德烈娅憎恨自己，厌恶自己的身体，否定自己的需求。因此，安德里亚决定努力减少这些话语在内心出现的频率，以便最终过上令自己满意的生活。

| 马丁的指导信息 | 既往经历相关人 | 所属模式 |
| --- | --- | --- |
| 1. 先工作，后享乐！ | 父母的榜样 | 苛求型家长模式 |
| 2. 重要的是，你过得很好。 | 父母的说法 | 健康成人型模式 |

马丁的脑子里总是记着一些属于苛求型家长模式的话语，它们主要是鞭策他在职场上要注重表现、保持严谨。但同时，他也从父母那里学到，拥有工作之外的兴趣、好好照顾自己也是对的，而且很重要。因此，马丁的苛求型家长模式也伴随着高度的健康成人模式。

马丁希望减少自身那些属于苛求型家长模式的不合理要求。在将来，它们会变成："工作很重要，获得成功也很棒。但注意平衡是生活的必需，工作并不是生活的全部。"

## 第二节 少当自己的"教育家"

在这一章节中，我们来谈谈如何改变自身的机能不全家长模式。这一部分的首要重点是重新定义自己的人生准则，并验证既有"指导信息"的真实性。接下来，你将学会如何越来越响亮地反驳自身的机能不全型家长模式，并减少它们对你生活造成的影响。

**找到新的人生准则**：请思考一下，如何用属于健康成人型的生活准则来替代那些与惩罚型或苛求型家长模式相关的生活准则。

**验证既有"指导信息"的真实性：**在你开始处理既有"指导信息"的时候，你可能会质疑心中那些机能不全型家长模式说的话是否真的是错的。这些质疑都很正常，毕竟这样的家长模式长久以来已经属于你内心自我认知的一部分了。而当这些贬低的声音足够响亮的时候，人们的感官常常会因此变成心理学中被称为"选择性认知"的状态。以下案例会帮助你更易理解它。

> **案例**
>
> 桑德拉（Sandra P.）的惩罚型家长模式总是暗示她："你太丑了，以后都找不到男人嫁。"由于长期以来总是听到这样的声音，她对自己外貌的认知也受到了影响。当她看着镜子中的自己时，她只看到了那个"据说很大"的鼻子，而完全没有注意到自己美丽的眼睛和亮丽的秀发。而且同样，她也没有注意到那个和她打了好多年网球的好朋友早就已经爱上她了。

你不妨再试着把那些让你认为苛求型和惩罚型家长模式是错误的论据和事实汇总起来。也许这任务一开始做起来很难，但请不要放弃。对抗自身的家长模式就是需要不断地练习。如果你发现这还是太难了，那么找一个信任的人与你共同验证这些家长模式的既有信息将会是个很大的帮助。

当你确定想要删减那些影响你日常生活的不良信息后，接下来要面对的，有时也颇费工夫的一个任务就是削弱这些属于家长模式的声音的强度和它们的作用。找出你最想下手"动刀"的是哪个。

**减少"指导信息"的练习：**

→ **象征符号的使用**：随身携带一个物件（如一个小玩偶、一块石头、一块贝壳、一块停止标识牌等），把它作为象征和纪念物往往很有益处。它们能反复提醒你，不要再去听从某个特定的指导信息。例如，书桌上一块小小的停止标识牌能提醒你要设置自己的底线，不要对别人所有的拜托都说"好的"。

→ **写一封给自己的信或明信片**：为了坚定自己要删减某个有"指导性"话语的决心，你可以给自己写一张明信片，再一次强调自己拥有做出改变的权利。

---

你好，米利亚姆，

你很好，你的要求也很对！
至少凯蒂（Kati）、米歇（Michi）、阿斯特里德（Astrid）和克劳迪（Claudi）都这么说，关于这些她们应该一直都知道。

---

→ **他人的支持（外力协助）**：如果这样的明信片中还包含认同你需求的其他人的话语，那它就会变得特别有效。或许你可以把站在家长模式对立面的其他人的画像（比如你的伴侣、家人、女朋友）也用作电脑桌面背景。这样，往屏幕上看的每一眼都是在确定你想要改变的决心。

→ **找一幅守护图**：如果你喜欢做想象练习，并能在脑海中轻松地想象各种事物，那你就能想象出一幅属于你个人的守护图来抵御具有伤害性的指导信息。每当那些信息在脑海中太过嘈杂的时候,你可以随时召唤出这张图片,帮助自己更好地控制这些指导信息对你情绪的影响。

举一些例子:把家长模式想象成一台录音机,声音能够直接调小;它也可以是一只小怪兽,你能直接把它关在笼子里,然后掉头远走;或者,你也可以想象自己身处一个保护罩里,家长模式的所有信息都无法渗透进去。

如果你有重度惩罚型家长模式(如第三章中安德烈娅的案例),那么也许以上所有的建议对你来说都难以实现,因为惩罚型家长模式会让你轻视并取笑它们,或者不允许你去做这些。你会随之产生负罪感,或者觉得自身的家长模式变得越来越严重。

得到他人的支持在这类案例中显得尤为重要。当然,这种支持也可以是通过和别人讨论和家长模式有关的话题来实现的。通常,人们需要一位专门应对这类病症的心理治疗师。

此外,这种来自他人的支持也可以发生在想象中。许多人都会自觉地这样做——在遇到困难或是在担忧什么的时候,他们会将这件事在脑海中和那个支持他并认同他需求的人畅谈一番。你知道这类现象吗?大多数情况下它们都是自然发生的。不过,当你感到自身的惩罚型家长模式又想禁止你做什么,或是剥夺你具有自己需求的权利的时候,你也可以尝试有目的性地和自己内心的"护理师"聊天、沟通。如果你没有把别人作为"知心姐姐"的习惯,那么尝试一下以上方法,或者它真的可以帮到你。

## 练习

### 训练自己成为"内心助力师"

对你来说,那些属于惩罚型家长模式的论调肯定是当下的现实。现在,请思考一下,在你的人生中有哪些人或者曾经出现过哪些人,他们对你的看法与那些导致你处于惩罚型家长模式的人截然不同。例如,他们也许是你的祖母,或是童年时疼爱你的姨妈,当然也可能是你的一位好友或是你的伴侣。

当你找到这样一位"内心助力师"的时候,你就可以将自己切换到当前那个出现惩罚型家长模式论调的状况中了。也许你正因为自己在一段关系中的行为而谴责自己,要是气量大一些就好了,即使这不完全是你一个人的责任;或是你正因为在休假期间胖了两公斤而嫌弃自己;也或许你只是对在公开场合张口说话感到尴尬。

在你找到了类似这样的状况后,你就设想自己在和"内心助力师"讲述这些问题。关键在于,要等待问题的答案。"内心助力师"会说什么呢?我们不妨测试一下,看看答案是否能说明他完全接纳了你的感受和需求并珍视你。如果这样的情况没有出现,那么,可能是哪里又出现了惩罚型家长模式。寻求专业的治疗,并与治疗师商谈这整个过程事实上可能会更好。但如果你发现"内心助力师"的回答对你是有益的,你就能走到下一步,开始进行想象练习了。设想一个你正遭受惩罚型家长模式冲击的状况,然后把你的"内心助力师"也带入到这个状况中。你感觉到了什么?他说了什么?在这次想象中,你还需要什么来进一步削弱家长模式带来的影响?

改变机能不全型家长模式需要时间，但它真的值得去做——你会注意到，当你决定在日常生活中对抗这些模式向前走的时候，自己变得更自由更轻松了，也能更好地满足自己！请记住，按惯例来说，生活中的危机和问题（例如婚姻关系问题或是与同事相处的困境等）也会加剧机能不全型家长模式。这是正常现象，它们都不应阻止你继续走向"改变之路"。

## 第十章
## 弱化消极的应激模式

与处理其他模式一样,在面对应激模式时,我们首要做到的是对它有个准确的认知。获知自己具有哪种应激模式最直接的方法是自我反思以及与自己信任的人沟通交流。这些人当然可以是心理治疗师;但朋友、伴侣、兄弟姐妹或者值得信赖的同事肯定也是很好的信息来源。除此之外,你也可以想一下,是否已从别人那里获得了什么反馈。例如,你是否经常听到别人对你说,你会逃避一些重要的事情(回避模式)?或者时常被问起为什么反复做一些让自己感到屈辱的事情(屈从模式)?又或者是否常有人责备你太过傲慢或者攻击性过当(过度补偿模式)?这些来自他人的评论都是帮助你了解自己应激模式的最有价值的信息!因为应激模式在个人自己心中通常偏向中立或者感觉良好,因此,"局外人"有时甚至比我们自己更能感知哪些应激模式对我们来说是最典型的。不过,如果你对自己的应激模式非常熟悉和了解,情况就会有所不同——你会更轻易地注意并确定自己什么时候又"跌入"了某种应激模式。

## 第一节　正确认识应激模式

为了找出自己的应激模式,请回答如下问题:
- 朋友和同事对你有什么样的评价?
- 来自你生活中不同领域(如职场、业余时间、私人关系)的各种人是否都注意到你某些相似的行为方式?
- 你是如何应对情绪压力的,比如恋爱中或工作中产生的愤怒?
- 根据本书第四章的介绍,你发现自己具有哪些应激方式?
- 请直接询问你的朋友、伴侣或其他你信赖的人,看看他们如何评价你的应激方式。

也许他们会有相当合情合理的看法,但他们不会主动告知你这些。

请记住,大多数人比较容易确定什么时候他们具有屈从或者回避的态度。因为当人趋向于这两个模式的时候,往往能清晰地感觉到自己反复陷入那些情绪上无法妥善应对的情况。但对过度补偿的确认就比较难了。人在陷入过度补偿状态中的时候,例如炫耀自己或是攻击他人时,自我感觉都很好;他们甚至不想去注意什么负面情绪……所以,"坦白承认"自己具有过度补偿的心态往往更难些。想象练习在辨认过度补偿方面就非常有帮助了。

## 练习

### 想象练习

如果你无法确定生活中的屈从心态或是其他应激方式是从哪儿来的,那么学会想象练习将会很有帮助。请闭上双眼,让自己置身于这类应激模式作用强烈的场景中。好好体会一下,当时你在做什么,声音听上去是怎样的,你在说些什么,感受到了什么样的情绪,你的身体有什么感觉。当你尽可能将自己全身心投入到这个场景中时,你就建立了一座"情感桥"。请让你的思绪在童年和青春期游走漫步:哪些画面出现在你的脑海中?哪些人物、场景、感受和诉求也在参与其中?然后再好好体会一遍之前的情形。请结束练习,并认真思考这几个场景之间的关联在哪里,哪些问题还未被解答。

## 案例

### 案例一

黑尔佳(Helga P.)常常被丈夫和朋友说:"看你又畏畏缩缩的,总是这么躲得远远的。"这些评价表明黑尔佳在周围人的眼中具有严重的回避型应激模式,其主要表现为逃避社交。她回想了一下最近和邻居发生的矛盾,确定自己的行为在这种情况下实际上是为了避免一场争吵。她还因此躲了邻居好几个星期。

为了更准确地了解这个模式都在哪些方面奏效,她询问了自己的丈夫,还拜托一位经常和她聊起这个话题的朋友,跟她更详细地分析这些事。

### 案例二

尤塔(Jutta L.)是一名非常乐于助人且具有奉献精神的护士,几乎总是被同事数落,不该一直承接那些其他人都避之不及、令人不快的额外工作。有些同事对于这些工作甚至从来都不吱声,因为他们知道如果要找志愿者的话,尤塔总会在最后一刻让步。这听上去似乎是屈从型应激模式——可能新任务的到来会让尤塔倍感压力,以致总是服从各种要求,甚至倾向于自愿超负荷工作,而不去注意安排合理的工作时间,为投入的精力保留自己的底线。事实上,尤塔花费了太多的时间在工作上,以至于身边的好闺蜜们都一个个消失了。

当她在领导的敦促下终于休了两个星期的假时,她才发现以前的自己完全忽视了自己的私生活。

### 案例三

在本书第四章第三节中你已认识了那个自恋的主治医生马库斯(Markus L.)。他的太太常常抱怨他"装腔作势"。最近她读了一些关于应激模式的知识,并把有关过度补偿的文章给马库斯看,示意他看完之后就此反思一下自己。马库斯飞速浏览完文章后立刻就生气了——这个女人在想些什么呢?!然而,当他独自喝啤酒的时候,他又重新思考起了这件事。他不得不承认自己这方面可能真的有问题——例如,当有同事获得比他更多的荣誉的时候,他的心情

> 先是变得很差，感到被排挤，继而又刻意装作不在乎，自吹自擂一番。不过，当他太太几天后再与他谈及相关文章的时候，他却装作好像完全不知道她在说些什么。

## 第二节 要如何弱化应激模式呢？

本章节的主要目的是尽可能减弱消极的应激模式，让它们不再阻碍你去满足自己真正的需求。不过，同样重要的是，要考虑到每个应激模式本质上都有它的合理性。而且有的时候，在可接受范围内拥有不同的应激模式甚至是有益处的。例如，当你在工作中遭遇一场无果的冲突时，让自己与当下的负面情绪保持"安全距离"，并在一定程度上"开启"回避模式就是正确的做法。令人感到痛苦从而导致问题的应激模式往往是因为它们沉疴已久，患者即使主观上愿意也无法顺利地从这个模式里跳脱出来。

**找出优缺点**：为了了解哪些应激模式有意义，哪些模式会引发问题，我们首先应该制作一份被称为"正反优劣对比"的清单。这一份清单上分为两列，左列是"正方"，列出所有这类应激模式的优点；右列是"反方"，列出所有缺点。在如下方框中，我们分别为你列举了以迪尔克（参见第四章第二节）为例的回避型应激模式、以马库斯（参见第四章第三节）为例的过度补偿型应激模式的"优劣清单"。你也可以根据自己的应激模式制定一份这样的专属清单。此外，归为"正方"的通常都是短期的优点,而列入"反方"的则主要是长期存在的问题(→问题行为)。

| 应激模式 | 优　点 | 缺　点 |
| --- | --- | --- |
| 迪尔克：回避型应激模式 | ● 避免感到失望的风险。也就是说,如果我不去考试,也就不会不及格。<br>● 保护自己免受伤害,通过躲避与人建立任何紧密联系的方式或者逃避亲密关系。<br>● 不用面对自己的不安全感:看电视的时候,我感到安全又独立。<br>● 避免和他人进行比较。 | ● 没有给大学同学机会,以不同于我曾经与中学同学一样的方式相处。<br>● 无法经历逐渐被他人接受或喜欢的可能。<br>● 没有交到朋友,虽然我希望有一个。<br>● 没法达成我的目标(大学毕业),因为我逃避考试。<br>● 因为不想冒任何风险,所以我也没获得什么东西(友谊、好成绩),这进一步削弱了我的自尊心。 |
| 马库斯：过度补偿型应激模式 | ● 我当下感觉良好,很有优越感。<br>● 我为自己赢得了尊重,不会被批评,也不会被质疑。<br>● 我的出现预示着自我价值的实现。也就是说,别人都认为我更有能力。 | ● 同事们都不喜欢我。<br>● 危难情况下,可能没有一个同事会忠于我。<br>● 我"摆派头"的行为总是惹我太太生气,以至于有失去她的危险。<br>● 与同事攀比所产生的自我怀疑和不安总是蚕食着我。 |

希望这份清单能让你准确清晰地了解应激模式重点会妨碍或者伤害你生活的哪些方面,以及改变的出发点又是在哪里。此外,从上表中我们可以看出,应激模式的优缺点至少从短期来看是差不多的。因此,与处理例如重度惩罚型家长模式不同的是,我们的目的不是简单地将应激模式"弃之不顾"。

**制定改善方案**:接下来的问题就是,我们需要削弱哪些情况下的应激模式?而在哪些方面,我们需要更多地以健康成人模式来交流,更直接地表达自己的感受，或更明确地设置个人边界？通常情况下，这些主要涉及职场和个人的社交关系。

> **案例分析**
>
> 迪尔克的"改变计划"：
> - 我要正视大学里的专业课和考试。
> - 下星期要和教授约个时间讨论我的硕士毕业论文。
> - 要在大学里结识朋友，并至少和两三个相处舒服的朋友熟悉起来。
> - 每周有两个晚上不在家独自度过。

改变应激模式在本质上是要足够了解做哪些事情或进行哪些活动能激发健康成人模式（见第五章）。例如，有许多人提到，当他们和别人一起从事音乐活动，比如在唱诗班里唱歌的时候，他们会很有归属感，完全没有要逃避或过度补偿的想法。而有些人则在和孩子或者动物相处的时候感到安全，完全不会产生任何应激模式。

如果你清楚地知道自己在哪些场景中不会触发自身消极的应激模式，那你也许就能更好地帮助自己在其他场合中同样以不出现应激模式的状态行事。你可以把这类场景当作内心的"安全屋"使用。

在以下的练习中，你需要设想两个场景：一个是"安全的"，不存在任何应激模式；而另一个则是会触发你消极应激模式的困境。

**练习**

首先请让自己置身于那个想象中的"安全的"场景——比如在唱诗班里或是和小动物们在一起。体会当时的感受,并将这种轻松又安全的状态和自己牢牢绑定。接着,你就可以切换到那个让你犯难的困境中了。请尝试将之前那个安全又放松的感觉嵌入到这个场景中。你还可以将"安全"场景中出现的人物也带入这个"不太安全的"场景里。练习后再复盘一下,"不安全的"场景中的感受是否已经有了变化?

**减少屈从的次数**:如果你已列好了改变清单,不妨想一想这都涉及哪些具体情况。例如,你可能早就想告诉隔壁工位的女同事不要把大衣挂在别人的衣钩上,这样你就可以挂自己的外套了;或者,你早就对家里除了你以外没有任何人会整理走廊里的鞋子而生气动怒。请牢记,千里之行始于跬步。让我们从小事做起,慢慢变得更好吧!

**练习**

**减少屈从**

制定一个具体且符合现实的改变方案,第一步不要跨得太大。另外需要准备一个替代方案:请仔细思考自己到底想要如何行事。此处重要的不仅仅是让应激模式下的行为不再出现,而且要对改变这件事充满积极的"愿景"。

在想象练习中,请首先设想那些已被改变的行为。舒服地闭上双眼,让自己在脑海中享受你将这些付诸行动之后的快乐。

如果你感到良心不安,请检查下自己是否具有苛求型或惩罚型家长模式,并用针对这两种模式的反向提示反驳它们。

现在先尝试在一个简单的场景内实现自己的"愿景"。

假如过程不够完美也请不要在意!不管怎样,在你尝试的时候,你就已经学到了东西。哪怕是前进一小步,那也很好!

把这些修正过的行为应用到你日常生活中越来越多的场景中!

一定要奖励自己的进步!表扬自己,想象自己拍拍自己的肩膀;或是奖励自己一份冰淇淋,美美地泡个澡,或是送自己一个小礼物!

## 案例研究

特奥(见本书第四章)决心从此不再一味顺从地过日子。而且他也知道自己该从哪儿开始改变——特奥有一个客户,总是将本该自己负责的琐事让特奥来替他做。在他们下次见面时,特奥依然为他提供支持。但当客户再次询问特奥是否能够为他分担琐事的时候,特奥友好地拒绝了他。会面结束后,特奥感到犹如解脱了一般。他决定以后要更加频繁地以这种态度应对这类情况。

**减少回避行为**:减少回避行为是一项很艰巨的任务。因为回避行为往往在短期内能起到缓解压力的作用,并因为这个作用而很好地强化了这个模式。但是从长远来看,它们会造成巨大的问题(→问题行为)。

在处理某些问题行为时,如果我们将之改变成其他的行为方式,我们会立刻感觉很舒服。比如,假如你有屈从倾向,当你表现得不再顺从的时候,你可能立刻会心生愧疚。但与此同时,你也极有可能第一次体会到释放和解放的美好感觉。不过改变回避行为后的情况往往不是这样。当你第一次敢于去做以前一直回避的事情,你可能首先感到非常紧张,无法马上从中获得任何积极正面的情绪体验。这些体验通常只会随着时间的推移慢慢出现。这意味着减少回避行为需要更多的耐心、一以贯之的恒心和坚持下去的毅力。

所以,充分了解回避行为潜在的长期弊端也很重要(参见本书第四章)。它能帮你端正自己的动机。除此之外,那些减少屈从行为的方式方法同样适用于减少回避行为。

### 案例研究

迪尔克(Dirk B.)决心尝试多和他的大学同学们接触交流。在下一次宿舍聚会到来时,他鼓起勇气答应大家一定会去。那天晚上,迪尔克自我斗争了很久,终于在晚上十一点左右出现在聚会上。在那里,他只见到了几张熟悉的面孔,而且大多数人都已经醉醺醺的了。迪尔克孤单地站在主办者家的厨房里闷闷不乐,感觉自己像个外星人。他只是和一位和他同一学期上课的同学聊了几句两人都感兴趣的电脑游戏。而且这位同学因为第二天要打工也马上就

> 要离开了。此时,迪尔克立刻意识到自己的惩罚型家长模式在向自己发出信号:"你根本就不属于这里。"迪尔克失望地离开了聚会,也释放了各种紧张的情绪。在这之后的一周,他又遇见了那个在聚会上和他聊天的同学,他邀请迪尔克回宿舍和他的几个哥们儿一起玩游戏。迪尔克接受了邀请,并发现自己在这个小圈子里感觉很舒服,和这里的其他人玩耍聊天也很开心,最后,他兴高采烈地回自己宿舍了。

**弱化过度补偿模式**:弱化过度补偿模式的思考方式在原则上和弱化屈从和回避模式是一样的。不过,改变回避模式最典型的问题是改变之后的效果并非立竿见影,而是需要过一段时间才能体现出来。而过度补偿在这方面有时甚至有过之而无不及。这就让弱化和改变它都显得尤为困难了。

我们假设一个前提,你在感到自卑或者渺小的时候喜欢吹嘘自己或是表露出攻击性。现在,你已经承认这些都是过度补偿型应激模式在作祟,并且希望能减少它的存在。那么下一次,当你再遇上感觉自己渺小却不再自吹自擂的时候,你可能会获得如下体验:首先,自卑的感觉可能更为强烈,因为你再也不能把它隐藏在应激模式之下了。其次,你会觉得吹牛的感觉确实很棒,它让人自我感觉良好,还会带来满足、强大、占据优势的感觉。但如果你想改变过度补偿模式,你就得放弃去强化它。接着,你可能会突然发现,以前的那些吹嘘和炫耀只会让你显得对身边人很不友好——而这样的领悟也让人很不愉快!

从长远来看,所有这些体验对你都很重要,也很有价值——但在当下那一刻,它们也许会让你感觉很糟糕。因此,如果能成功改变过度补偿模式,你真的应该为自己感到骄傲和自豪!

然而,人们通常只有在明显感觉到过度补偿带来的负面影响之后才会有动力去弱化它们——比如身边重要的人正在逐渐疏远,或者和伴侣的关系正面临分手的威胁。而弱化的后果往往有可能引发社交恐惧,或是需要度过一段时间的抑郁期。虽然过程听上去似乎很艰难,但过度补偿带来的负面感受无疑会大大提高你成功的机会,因为你知道自己努力的目标是什么!反之,如果你当下未曾意识到那些负面后果,你也许就会放弃为削弱过度补偿模式而努力。尽管如此,与这个模式曾做过的抗争依然很有意义,因为也许在你将来的生活中还会再用到它们。

### 案例研究

托马斯(Thomas K.)曾在学生时代因为严重的青春痘而遭到同学们的嘲笑和霸凌,这让他产生了强烈的缺陷感和羞耻感。这二三十年来,托马斯一直在与这些感觉做斗争,并由此在内心构筑了严重的过度补偿型应激模式。在这个模式下,他又酷又能干,完美的形象简直令人着迷,而且能永远表现出色。不知不觉中,托马斯已经47岁了,不再拥有像年轻时那么多的精力。他越来越觉得维持这样的形象很是辛苦。此外,职场上的情况也不容乐观。订单越来越少,而迷人的外表也不再像以前那样受欢迎。所有这一切都让托马斯倍感压力,以致近几年出现了严重的抑郁症状。

> 在治疗过程中,治疗师建议托马斯多注意改善自己的过度补偿型应激模式。这对他来说虽是项艰巨的任务,但也是个很重要的问题。于是,他开始着手计划。例如,他尝试在治疗中放弃发表一些"睿智"的评论,而是与自己真正的负面情绪做斗争。在工作中,他试着说出自己能力的极限,以此告别曾经那个完美出色的假象。例如,他会告诉领导他需要安排比先前预估得更多的时间来完成任务,而不是像以前那样彻夜赶工。
>
> 托马斯发现这些调整都很困难。每当他坦诚以待或者示弱的时候,他总能感受到新的威胁。不过总体而言,他依然获得了良好的体验。总而言之,体会到别人能够理解他,乐意支持他,对托马斯来说就已经是很棒的经历了。而且,他也不再感到那么孤单。事实上,他能更好地处理自己的工作。

如果你的过度补偿倾向具有攻击性,那么你会通过应激模式保护自己免于承认自己的弱点。如果想要改变这种状态,那么找到另一种方式保护自己的内心就尤为重要了。每个人都需要有能够自我保护以及在困境中可以戴上"面具"的安全感。别把计划做得太大;如果再次回到具有攻击性的状态,也一定要原谅自己。这并不是一个关于把事情以另一种方式完美解决的问题,而是一件将自我修正坚持不懈地进行下去的事情。

## 案例研究

卡洛琳(参见第四章第三节)曾因自身应激模式的攻击性多次和别人发生冲突,还常常闹到了警察局。因此,她有足够充分的理由走出这个"性格陷阱"。然而,当她尝试对身边的人不再那么咄咄逼人时,她体会到了极端的无助感,感到自己完全被抛弃了。对她来说,重要的是内心必须承认那些具有攻击性的反应并不是立马就能摆脱掉的。

卡洛琳学着和别人讨论她应激模式的问题,并最终从他们那里找到了另一种方式。压力大的时候,她常常深吸一口气,想一想该为自己攻击性的反应做出何种准备。随着时间的推移,她学会了在这类场合中(有时只是对自己)默念:"先等一下!想要攻击人的感觉又来了。再给我一分钟喘口气吧。"值得欣慰的是,卡洛琳身边的人都为她的改变感到由衷的高兴,并且乐于给她时间和空间进行一次次的"自我调适"。随着时间的推移,她对这种改变越来越适应了。

希望你能够通过阅读本章更好地了解自己的应激模式来自何处,哪一种应激机制在你身上发挥了重要的作用,以及你该如何着手削弱它们。也许一开始你会时而感到有些害怕;在某些特定情况下,健康成人模式对事物的反应甚至会比应激模式更强烈。这些都是正常现象,而且如果你继续这样做,这样的情绪通常很快就会被平复。因为通过越来越多的练习你也会注意到,更直截了当地说出自己的底线和需求是多么令人愉悦。不妨问一问你身边亲近的人吧,他们是否注意到了你的变化,以及你自己对此又是怎么看的。来自他人的反馈对你反思自己的处理方式以及了解它们对他人产生的影响都具有重要意义。

第十一章
健康成人模式的自我强化

在阅读本章时,你可能会发现这些内容在本质上是重复的。确实如此!因为在我们所有针对其他模式所做的建设性练习中,健康成人模式都是至关重要的。在此期间,你已经学到了:对于脆弱型儿童模式,我们需要去安慰他,使其变得强大;对于愤怒型儿童模式,我们需要给他机会,让他适合地表达自己的需求;对于冲动和任性型儿童模式,得让他们适应底线和边界;回避型应激模式应该被删减;而那些来自惩罚型和重度苛求型家长模式的声音最终应该学会"小声说话"!当然,所有这些训练、变化的方向和建议都必须以健康成人模式为出发点。健康的成人会安慰脆弱受伤的孩子,给任性的孩子们设置边界,同不良的应激模式和家长模式迂回交涉。这些都说明健康成人模式在人们为自己做出人生规划而产生的任何改变中都发挥着核心作用。

对于健康成人模式的处理,我们的任务在于去斟酌:想要怎样设置事情的优先级;哪些改变在我们心中最重要;自己能够为此投入多少精力;以及希望如何奖励自己成功做出改变的每一步。而思考这些问题本身就是健康成人模式的一项重要任务:不能像苛求型家长模式那样提出过分苛刻的要求;不能像缺乏自律的孩子那样一下子什么都要;遗憾的是，也不能指望让脆弱的孩子总能得到他们想要的所有关心——即使在这种情况下，健康成人模式也在提醒自己必须注意尺度，认清现实。以下思考也许能帮助你制定自己的目标和计划，并且实现它们。

**榜样：**大多数人的生活中都幸运地有其他人作为健康成人模式的榜样可参照。在第九章中，我们对此已有介绍。当你忧心忡忡的时候，是谁竖起耳朵听你倾诉，关切地看着你？有没有人能让你觉得他特别擅长平衡自己与他人之间的需求和利益？

在很多情况下，这样的人都是真实存在的。他们也许是你的一个亲戚，比如姨妈、祖母或是一个好朋友。当然也有些人没有这类现实生活中的参照，于是偏向于选用童话故事或者电影中的人物作为健康成人模式的榜样，这样也是可以的。重要的是，他们总能在你心中陪伴你，帮助你善意地看待自己，同时也能对各种情况做出现实的评估。如果你发觉自己身边几乎没有这样的人，因而也很难开展本书中提到的练习，这也不意味着你是一个失败者！也许，从治疗师那里获取强化自身健康成人模式的帮助也不失为一个好主意。

**始终从实际出发：**生活并非十全十美，人无完人，估计你也不会例外！这些都是正常现象，并不能成为自我怀疑的理由。重要的是，你要始终记得，不要尝试水中捞月，也不要制订一个需要一天有 60 个小时才能完成的"每日计划"。"从实际出发"意味着你要将自己的可用资源纳入考量，其中涵盖了社交网络、工作中的机会或是个人财力。要学会利用能影响你生活的实际情况和环境来制定计划并且充分利用好它们！此外，"从实际出发"也意味着认同人生中既有好的阶段，也有坏的阶段。期望自己每一天、每时每刻在任何情况下都完美平衡各种模式，那就过于困难了。我们必须接受人生有起伏——当然是在已经尽最大努力满足自己需求的前提下,我们也得接受现实有所限制。"从实际出发"还意味着你要做出慎重的判断,在某些情况下,你是否真的有做出改变的力量。例如,你想要改变经常和上司发生冲突的状态。但事实上,这完全超出了你的能力范围,因为你的上司就是一个容易给人制造压力的人,所有的员工和他都有矛盾。这个时候,你的目标就得更现实些,要么尝试尽量和上司保持一定的距离,要么换一个工作。

**诚实面对自己**:人们总是频繁地想要有很多的改变,但这需要同样多的努力。实现大学毕业的愿望需要花费很多年,特别是对那些事先得读完夜校的人来说。像健康饮食、减肥、戒烟、有规律的运动这类理性的决定当然都是有益身心健康的,但仔细想想,这些其实都离不开大量的努力和自律。也就是说,只有当你真的被激励到投入足够多的精力进去,你才能实现自己的目标。意识到这一点,有时可能会让愿望如梦中的肥皂泡一样幻灭。然而重要的是,不要让自己长期处于沮丧灰心的状态,也不要总对自己不满意。

**平衡自己与他人的需求**:本书的所有章节都反复围绕着个人需求展开:如何能做到更好地看待它们和满足它们。当然,时刻记得别人也有自己的需求,这一点也很重要。我们自由的边界永远都是他人自由的空间。我们通常都会找到折中的办法,这也是我们应该追寻的目标。

有时候,在你记起自己需求的同时却得罪了周遭的人,因为你身边的人还没习惯这样的你。这个时候,重要的是审视自己走的每一步(以善意的态度!),给身边的人们足够的时间来适应你的变化。如果你的丈夫至今都没想到过你不需要他在场就能独立做事,那你就不该突然"无中生有"地

"吓到"他，而是让他慢慢习惯你的改变……如果你感觉到周遭的人因为你的改变而生气，那就请先等一等——也许他们需要一些时间来适应。如果情况看起来并非如此，那么尝试进行一次谈话通常也会有效果。

**自我要求具体化**：长期以来，许多人想要改变自己的目的并不明确。他们的愿望听起来往往都是："我想变得更自信。""我想要更平和淡定些。"或是"我要花更多的精力在自己身上。"这些都是很好且有益的目标，然而它们也相当模糊和宽泛！治疗过程中的经验表明：你制定的目标越具体，并且这些目标越是接近你真实生活中的行为，那么你能将之成功付诸实践的可能性就越大！我们以"我想变得更自信"为例，帮你将这个目标具体到如下这些问题：

→ 自信的人看上去是怎么样的？

→ 我认识的人里面，哪些人表现得很自信？他是如何做到的？我是如何察觉到他很自信的？

→ 在哪些情况下，我想让自己表现得更自信？如果要在这种场合下表现得自信的话，我看上去应该是怎样的？别人如何察觉到我很自信？

**想象练习**：你应该已经从本书中阅读了不少关于想象练习的内容。你也可以通过设想在这个模式下做某些特定的事情来很好地强化健康成人模式。举例来说，如果你在某个特定场合下始终表现得非常顺从和迁就，而你其实希望自己最终能把自己的兴趣所在表达出来。那么，不如先将自己的意愿在脑海中完整准确地设想一遍！

请舒服地闭上双眼，像放电影一样在你的脑海里过一遍自己在健康成人模式下是如何行事的。

也许这方法听上去有些幼稚,有些傻,但不妨试一下吧!很多人都反馈说它的效果出奇地好。通过在想象中"演练",这个方法帮助他们改变了自己面对困境时所做出的反应。

### 案例

在本书第二章第一节中你认识了朱迪斯。她儿时经常随父母到处搬家,积累了很多"作为新人"的经验。这导致她成年以后常常有被排斥的感觉。当她感到别人不想和她待在一起的时候(惩罚型家长模式),她时常会悲伤却步,远离人群(脆弱型儿童模式)。

在想象练习中,她将自己置身于某个通常让她感到难受的情境中。在这个想象中,好些大学同学已经坐在食堂的一个餐桌前聊得热火朝天,欢笑不断。通常说来,她会倾向于一个人孤单地坐在边上的餐桌前吃饭。但在想象练习中,她走向其他人的桌子问他们,她是否可以坐那里。同学们马上就同意了,给她腾出了一把椅子,并让她加入到他们的谈话中。

相似的情形在这之后的一周中真的发生了。通过想象练习的准备,朱迪斯早就知道她想如何以健康成人模式行事,并且真的坐了过去。完成这个目标之后,她很为自己感到骄傲和幸福。

**参与活动**:在强化健康成人模式的过程中,知道自己在什么场合下或是在进行什么活动的时候会触发健康成人模式,这一点很重要。搞清楚这些有时候挺难的,特别是在你觉得自身的健康成人模式并不明显的时候。如果你是这种情况,那么有针对性地计划去做一些你大概率会处于健康成人模式状态的事情就很有帮助了。为了便于你更好地理解什么是属于健康成人模式的活动,我们制作了以下这份能激活健康成人的活动清单:

> 你会被带入健康成人模式,在你……的时候:
> - 学习一些新鲜事物
> - 跟好朋友谈论生活中对你重要的东西
> - 对自己负责
> - 做运动
> - 修理东西
> - 每天记录下自己今天哪些事情做得很好
> - 阅读报刊或书籍
> - 做一些有益于身体健康的事(瑜伽、身体护理、吃一些新鲜水果)
> - 尝试做一道新菜
> - 培养一个兴趣爱好
> - 为他人解惑或是帮助别人
> - 完成一件"待办清单"上的事情,并奖励自己
> - 给自己写一张卡片,写上你喜欢自己什么

请先将那些能带入或促进你的健康成人模式的活动和事情收集起来,并制作成一张独立列表。你可以将这份为你量身定做的清单写得好看些,并尽量放置在公寓或房间的中间位置,以便于你总是能看到它。如果你知道自己会轻易地逃避去参与一些积极正面的活动,那么请尽量

为自己多安排一些相关的计划。反之,如果你常常处于健康成人模式中,那么你的日常生活可能早已包含这类活动,以下的练习也许就发挥不了什么重要作用,因为它们在你的生活中早就是习以为常的了。

**行为实验**:你已在本书第七章第二节关于愤怒型儿童模式的内容中认识了行为实验。这些实验让你有机会"玩笑式"地接近健康成人模式的状态。有时候,在你先"假装"像健康成人模式这样处事之后,它会成为你真正进入健康成人模式的一个良好的切入口。也就是说,即使你现在还没真正想这么做,你也要先确立一个像健康成人模式一样行事的具体场景(比如提出自己的需求)。举例来说,一个胆小、非常不自信的人所制定的行为实验可以是在第二天早上的团队会议开始前和一位友善的同事简短地闲聊一番。

当然,根据行为改变目的的需要,行为实验的实现方法也各式各样。

### 案例

在本书第七章中你认识了具有冲动型儿童模式的莫娜。她每逢聚会都会喝得烂醉,还总是不做保护措施地和男生发生关系。她的学业也因为这些冲动型儿童模式的行为而到了退学的边缘。莫娜逐渐明白,如果不想彻底荒废学业,她就必须让健康成人模式控制住那个"爱聚会的莫娜"。为免受到"诱惑",几周以来,她晚上都没有出门。然而,她觉得自己还是很想念和别人交往的时光,想念那些音乐和舞蹈。在一次行为实验中,她尝试在娱乐和责任之间寻求平衡。

> 因此，她给自己写了一张小卡片，内容都是来自健康成人模式的友情提示：

亲爱的莫娜，一会儿的聚会上充满着诱惑，它们会勾引你再去喝酒，甚至做出更过分的事情。一旦喝起酒来，你一定要记得把持住心中那个"冲动的孩子"，不能越界。记住了，完成学业对你来说非常重要，而且你也没钱再参加这么奢侈的派对了。另外，可别忘了，你以前的行为常常给你招来危险……那些要跟你上床的家伙真的都是些烂人。

> 莫娜计划把某天晚上参加大学同学的宿舍聚会作为行为实验。为了让健康成人模式始终握有掌控权，莫娜决定不喝酒，最迟凌晨一点回家。那张写满提示的卡片被她放进包里作为提醒。她已经想好如果有人让她喝酒她该如何应对，并将这些事情在想象练习中都在脑海中演练了一遍。经历了这个没有喝醉的夜晚，莫娜甚至感到自己更能享受音乐和舞蹈的美好了。而且，她也没做任何让自己第二天醒来会无比尴尬的事情。第二天早上，莫娜对自己前一晚的表现非常自豪。于是，她就在她最爱的咖啡店里奖励了自己一杯奶咖和一个巧克力羊角面包。

本章中的健康成人模式是你内心的一部分，它能掌握全局，设定事物的优先级，始终从实际出发，认同自己的需求并在它们与他人的需求之间找到平衡。做到所有这一切的要求实在太高了，不可能有人在任何时候都能做到完美！然而,如果你时常感到自己几乎没有健康成人模式,那么图式疗法会帮助你非常有针对性地构建和强化这一内心重要的部分。

# 第三部分

# 附 录

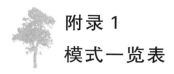

## 附录 1
## 模式一览表

有的时候,即使是专业人士也会在遇到太多模式时找不到头绪。本章旨在为你再次提供一个关于所有模式的概述,并将有共通之处的模式融合在一张表内。在最后一张图表中你可以总结一下,在你内心中哪些模式是活跃的,它们又是如何在你心中交互发挥作用的。

## 儿童模式

儿童模式中的认知和行为往往都很孩子气。当我们正在经历一些无法仅用当下所处的场景来解释的某种高强度且激烈的感受时,儿童模式就会活跃起来。这通常发生在一些亲近他人或自主权等基本诉求无法被满足的时候。儿童模式被分为脆弱型、愤怒型及幸福型儿童模式。

|  | 脆弱型儿童模式 | 愤怒型儿童模式 | 幸福型儿童模式 |
|---|---|---|---|
| 与该模式关联的感受是…… | 羞耻心<br>孤独<br>恐惧<br>悲伤<br>受威胁 | 愤怒、生气<br>冲动<br>逆反 | 快乐<br>无忧无虑<br>好奇心<br>安全感 |

续 表

| | 脆弱型儿童模式 | 愤怒型儿童模式 | 幸福型儿童模式 |
|---|---|---|---|
| 人们在感觉……的时候会触发此类模式 | 被拒绝<br>受到威胁<br>被抛弃<br>被过分要求（刁难）<br>被排斥。 | 受到批评<br>被拒绝<br>被轻视<br>被排斥<br>被束缚。 | 被接受<br>有归属感<br>感到被爱。 |
| 研究这类模式的目的在于…… | 感知并充分理解自己的诉求<br>学会满足自己的需求。 | 识别隐藏在愤怒之下的诉求，并满足它<br>尽量减少任性、冲动和倔强。 | 充分享受。 |
| 在此类模式下采取……措施会有帮助 | 给予自己有爱的态度<br>允许并接纳自己的内心感受<br>满足自己的诉求。 | 夺回控制权<br>安抚未满足的诉求<br>认出早期征兆<br>采取替换方案。 | 找到恰当的平衡点<br>发现并参与新的活动<br>学会享受一些小事。 |
| 注意！注意提防…… | 惩罚型家长模式（"你的感觉不重要！"）<br>应激模式（诉求只是看上去被满足了）。 | 冲动型儿童模式（"我现在只做我想做的事情"）。 | 惩罚型家长模式（"真是幼稚……"）。 |

## 家长模式

机能不全家长模式有如内心发出的声音或是提示信息。它们要么会对患者的成绩表现、情感或是社交关系提出过高的要求（苛求型家长模式），要么会进行自我贬低（惩罚型家长模式）。这类模式的成因往往源于患者的儿童或青少年时期。

|  | 苛求型家长模式 | 惩罚型家长模式 |
|---|---|---|
| 这指代的是…… | 对自己提出过高的要求：<br>● 有关个人表现和成就（表现苛求型家长模式）；<br>● 有关情感和社交关系（情感索求型家长模式）。 | 经常全盘或笼统地贬低自己。 |
| 在此类模式下的人会感到…… | 被过分要求，无能，迫于压力之下，能力不足，有罪的。 | 被厌恶，能力不足，不值得被爱，被排斥，被否定。 |
| 研究此类模式的目的在于…… | 改变苛求模式中的提示信息，使其符合现实且有帮助。 | 意识到惩罚型模式的暗示并非合理；<br>消除这些提示信息。 |
| 在此类模式下采取……措施会有帮助 | 学会区别有用或无用的提示信息。<br>检验提示信息的真实性和恰当性；开发符合现实的新的提示信息，并能因其产生改变自我的动力。 | 确认家长模式所提示的信息的由来。<br>通过符号、提示卡片、与有爱的人们保持沟通来屏蔽内心具有惩罚倾向的声音。 |
| 注意！注意提防…… | 应激模式：我们常常试图在家长模式中通过譬如逃避的手段来寻求出路。然而遗憾的是，这通常只是暂时性的。 | |

## 应激模式

应激模式可以理解为人在日常生活中逐渐形成的行为模式。这类模式共分为三种形式：屈从型、回避型和过度补偿型。

|  | 屈从型 | 回避型 | 过度补偿型 |
| --- | --- | --- | --- |
| 此类模式下的人会尝试…… | "遵从"惩罚型家长模式的指令行事。 | 回避产生的情绪和出现的问题,以避免不得不面对的冲突。 | 以完全相反的方式行事;控制他人,主导他人,或是占据他人上风。 |
| 此类模式体现在…… | 自愿承接并不令人愉悦的任务,无法对他人说"不",依赖他人(精神依赖)。 | 逃避困境;通过玩电脑游戏、上网、看电视等过度分散注意力;通过酒精或药物抑制自己的感官认知;自我刺激,例如饮食、色情消费。 | 傲慢,过度控制,做出博取关注的行为,具有攻击性,操纵他人。 |
| 我们的目的在于…… | 学会弱化这些模式,适度表达自己的诉求,有建设性地处理矛盾和问题。 | | |
| 采取……措施会有帮助 | 权衡此类模式的优点和缺点;<br>行为实验:尝试替换其他的行为方式应对;<br>坚持不懈,缓慢改变应激模式。 | | |
| 注意!注意提防…… | 苛求型家长模式("你必须取悦别人……")。 | 惩罚型家长模式("没有人需要我的陪伴……")。 | 惩罚型家长模式("如果示弱的话,所有人都会注意到你是个失败者……")。 |

## 健康成人模式

处于健康模式中的人对身处的场景和遇到的问题都有实事求是符合现实的评价。这类模式状态下的人对自己的感受和情绪有清楚的认知,行为能满足自己的诉求。健康成人模式就是指能在权责和善待自己之间寻求并取得良好的平衡。

|  | 健康成人模式 |
| --- | --- |
| 与该模式关联的感受是…… | 镇定、有趣、好奇心、健康的上进心、自豪、团结、爱、兴趣。 |
| 这类模式出现的场景是…… | 和朋友见面时；<br>紧张地投入某项工作中时；<br>善待自己，照顾好自己的时候；<br>遇到问题的时候；<br>支持帮助别人的时候；<br>尊重个人的自我边界的时候。 |
| 我们的目的在于…… | 尽量让自己保持在这种状态下，并且以这样的方式慢慢地支撑和强化这个模式。 |

## 附录 2
## 术语表

**情绪化**:感觉的另一种表述方式。在本书中指那些由强烈感受引发的,或者同这些强烈感受密切相关且伴有情感冲动的一切体验(心理过程)和行为方式。

**情感桥**:一种关联联想,其两头分别连接着现实场景以及使人具有和现实场景中相似感受的过去场景。这两个场景的内容或情节不必有关联,起决定性作用的是其感受上的联系。例如,你会因为谈话中对方冰冷的语气而感到惊慌,是因为这个声音让你想起了在过去你的父亲在暴怒之前就是用这种冰冷的口吻和你说话的。我们将这样的情况称为情感桥。

**社交心理平衡**:社会心理学中的一个研究主题是人们如何建立和处理自己的社交关系。在一项关于人们为维护社交关系会做出哪些贡献(例如,一个人在家庭中所做的家务活的份额)的调查研究中我们发现,人们通常会系统性地高估自己所付出的份额,甚至比实际高出约百分之五十。也就是说,当你随口一说"哎呀,在和爱人的关系中我差不多承担了三分之二到四分之三的日常琐事"时,客观来说,你极有可能只是处于一段完全公平的关系中,你们双方各做了一半的贡献。这当然只是经验之谈,并不是所有个例都恰好契合。但在通常情况下,这个结论是正确的。因此,认识到这一点对于维持双方在关系中的满意度是非常有帮助的。

**需求/诉求**:动力驱动下的一种心理过程的总称,具有努力追求填补心理空缺使之达到心理预期的紧迫感(心理诉求的满足)。

**应激**:对于某段重要且艰难的人生重大事件或某段人生经历的处理方式。这类个人应对策略也被称为"应对技巧"。这类策略可分为功能健全型和机能不全型。功能健全的应对策略能够持续性地解决长期问题。机能不全型则只有短期的缓解作用,从长远来看,问题依旧存在。

**倦怠/过劳**:因特定压力而产生的与情绪相关的病症。通常表现为感到费劲吃力、疲劳过度、精神耗尽等(筋疲力尽、崩溃的感觉)。它会导致幸福感、社交能力以及工作和生产力的下降。

**机能不全**:见应激部分中的机能不全型。

**首要情感**:一方面指人在受到刺激后首先显现的直接情感。原始情感可以是快乐、悲伤、害怕、生气、惊奇和恶心。另一方面,原始情感在心理治疗中也指那些构成问题的"实际核心"所在。

**次要情感**:一方面,次要(或社会)情感描述的是有延时性、经过认知处理的反应式情感。它们可以是尴尬、嫉妒、愧疚、骄傲及其他。另一方面,它在心理治疗中指处于核心情感前端的更为显著的情感表象。例如一个人持续不断地对自己的伴侣大发雷霆;如果她有所感或深入自己的内心,就能体会到隐藏在愤怒背后的伤心。此例中,属于原始情感的悲伤就隐藏在次要情感愤怒之后。

**热感**:受到强烈刺激并伴有冲动行为的那些感觉和情绪,如愤怒、生气和逆反。

**表演型人格障碍**：典型特征是用戏剧化的行为来寻求关注。这类人经常做出不合时宜的诱惑或挑衅的行为，衣着打扮过于夸张，且易受他人影响，情绪变化快，情感表达非常戏剧化。

**歇斯底里**：这类人格的特征是它介于对过于确定的恐惧和渴望稳定的矛盾之中。这类人总是在积极寻求新的想法，让自己时刻成为大家的焦点对他们来说非常重要。除了略为不同的诊断标准外，如今的歇斯底里型人格大多也被视为表演型人格障碍。

**霸凌**：对他人持续不断且反复有规律地进行刁难和折磨，并进行精神伤害。可能发生场景例如在学校里、职场上、运动俱乐部或者网络上。霸凌对受害者的健康、工作及私人生活都会产生负面影响。

**榜样学习**：一个学习过程，人们通过旁观他人并经过一定的效仿来学会新的行为方式。榜样学习可以是有意为之（例如模仿教练演示的某些动作），也可以是在潜意识中进行（比如对那些"坏榜样"潜意识地加以效仿）。

**亲职化（父母化）**：描述的是父母和孩子间的角色互换。父母未能履行其作为家长的育儿职能，令孩子承担与其年龄不相符的过分苛刻的"家长角色"。这类孩子尽管实际年龄非常小，但依然需要照顾其他家庭成员的身心健康。

**问题行为**：一种行为模式，其短期内能令人感到愉悦，但长期来看则会对生活各个方面造成伤害。最典型的问题行为方式的例子就是抽烟或暴饮暴食——能带来片刻的享受和满足，长此以往却会产生问题（致病、超重）。

**延宕**：一种行为描述，指的是将那些无法令人愉悦却必须要做的工作一再推迟而不去完成的行为（俗称"拖延症"）。

**选择性感知**：具有选择性感知的人只会注意到一件事中已被确认的消极面。此外，具有中立性质的事件也常会被他们负面解读——即所谓的"隧道视觉"。举一个例子：一位演讲者在做报告时看见台下有 50 个感兴趣的面孔。但在最后一排却有两个人一直在聊天。如果这个演讲者因此认为没有人对他的演讲感兴趣，那么这就属于选择性感知，因为他完全无视了那 50 个感兴趣的听众。

**触发器**：一般是指诱因。

**强化剂**：由某种特定行为引发的令人愉悦的刺激。因为这种行为会得到奖励，从而增加它们再次出现的可能性。例如，一个幼童通过发脾气获得了巧克力，那么将来如果他想要巧克力，他就会越发频繁地发脾气。

参考文献

Arntz, A. & van Genderen, H. (2010). Schematherapie bei Borderline-Persönlichkeitsstörung. Weinheim: Beltz.

Fydrich, T., Renneberg, B., Schmitz, B. & Wittchen, H.-U. (1997). Strukturiertes Klinisches Interview für DSM-IV, Achse II: Persönlichkeitsstörungen. Göttingen, Hogrefe.

Jacob, G. & Arntz, A. (2011). Schematherapie in der Praxis. Weinheim: Beltz.

Young, J. E., Klosko, S. (2006). Sein Leben neu erfinden. Paderborn: Junfermann.

Young, J., Klosko, J. & Weishaar, M. (2008). Schematherapie. Paderborn: Junfermann.